本书由以下项目联合资助出版

国家社会科学基金项目“青藏高原多灾种自然灾害综合风险评估及其管理研究”（14BGL137）

中国科学院A类战略性先导科技专项“地球大数据科学工程”子课题“三极冰冻圈服务与功能”（XDA19070503）

国家自然科学基金委员会创新研究群体项目“冰冻圈与全球变化”（41721091）

玉龙雪山冰冻圈与可持续发展国家野外科学观测研究站自主课题（YLXS-ZZ-2021）

冰冻圈科学国家重点实验室自主课题（SKLCS-ZZ-2021）

青藏高原多灾种
自然灾害综合风险评估与管控

王世金/著

科学出版社
北京

内 容 简 介

本书通过对多源多时相遥感影像、气候背景、地理信息、社会经济及历史灾情资料的收集与分析，辨识了青藏高原主要自然灾害类型，系统分析了主要灾种历史灾情及其时空分布规律，明晰了各类自然灾害的发育特征、形成条件、风险演化及影响过程以及成灾机理。在此基础上，依据不同灾种相对重要性及关联性，统筹不同灾种灾损大小，确定了不同灾种的综合风险评估体系。同时，借助多种统计方法、理论及评估模型、GIS 栅格计算及图层叠置功能的综合集成，系统评估了青藏高原多（单）灾种综合风险程度，并对其进行了区划。最后，围绕多灾种特点，以“以人为本，预防为主、防治结合”为原则，建立了集“预警预报、数据信息共享、部委会商、群测群防、社区防灾教育、保险承担、应急备灾、强化灾评规划”于一体的青藏高原多灾种自然灾害综合风险管控战略。

本书可供从事灾害管理、应急管理、防灾减灾工程、公共管理等相关灾害科学领域的科研单位及高校相关专业师生，以及从事资源环境、国土规划、公共安全及防灾减灾部门从业人员参阅。

审图号：GS(2021)1110 号

图书在版编目(CIP)数据

青藏高原多灾种自然灾害综合风险评估与管控 / 王世金著 .—北京：科学出版社，2021. 3

ISBN 978-7-03-067158-5

Ⅰ. ①青… Ⅱ. ①王… Ⅲ. ①青藏高原-自然灾害-风险管理-研究 Ⅳ. ①X43

中国版本图书馆 CIP 数据核字（2020）第 244048 号

责任编辑：周　杰　祁惠惠 / 责任校对：樊雅琼

责任印制：吴兆东 / 封面设计：无极书装

科学出版社 出版

北京东黄城根北街 16 号

邮政编码：100717

http://www.sciencep.com

北京虎彩文化传播有限公司 印刷

科学出版社发行　各地新华书店经销

*

2021 年 3 月第　一　版　开本：787×1092　1/16

2021 年 3 月第一次印刷　印张：11 1/2　插页：2

字数：300 000

定价：158.00 元

（如有印装质量问题，我社负责调换）

前　　言

进入21世纪以来，全球自然灾害频发，自然灾害问题已成为区域可持续发展的主要障碍，受到国内外学术界和其他社会各界的高度关注。当前，自然灾害风险分析已成为风险科学研究的核心内容。全球变化背景下，各类自然灾害的发生造成不同国家和地区大量的人员伤亡、财产损失，生态环境与自然资源遭到破坏，区域经济和社会可持续发展受到不同程度的影响。

1980～2012年，全球共发生各类重大自然灾害事件约21 000起，全球因各类自然灾害受损、倒塌房屋230万间，因灾造成的直接经济损失达3.80万亿美元。1980～2014年，中国因自然灾害死亡和失踪人数总体上呈现下降态势。截至2014年，因自然灾害死亡和失踪人数降至1818人，2.4亿人次不同程度受灾，农作物受灾面积2489.1万hm^2，因灾造成的直接经济损失达3373.8亿元。尽管“十二五”期间，国家防灾减灾工作成效显著，但是，在全球变化背景下，极端天气气候事件、地震活动频发、降水分布不均、气温异常变化等因素导致地震、干旱、洪涝、台风、低温、冰雪、高温热浪、沙尘暴、病虫害等自然灾害的风险增加，崩塌、滑坡、泥石流、山洪等地质灾害仍处高发状态。2015年，波及中国西藏自治区日喀则地区的尼泊尔强烈地震等重大自然灾害，给人民群众生命财产安全造成了较为严重的影响。面对严峻的灾害形式和挑战，党中央、国务院继续将防灾减灾工作作为政府管理和公共服务的重要组成部分，并纳入经济社会发展规划。

青藏高原是中国新构造活动与地震活动最为强烈的地区，地震灾害已成为青藏高原最严重的自然灾害。同时，青藏高原气温增幅速率明显高于全球平均气温，其较高的气温增加了冰雪洪水、冰川泥石流、冰湖溃决灾害的发生概率。近50年来，青藏高原降水量增加趋势明显，极端降水事件频发，并在区域内部呈现较大的空间差异，旱涝灾害风险在部分区域呈日益增大态势。青藏高原边缘地带局部暴雨多诱发大规模泥石流和滑坡。可以说，青藏高原是中国自然灾害多发、频发的重点区域之一，区内地震、泥石流、滑坡、洪涝、干旱，以及冰雹、低温、冻融、沙漠化等灾害广泛发育，且分布较广，灾害损失及其影响巨大，使青藏高原经济社会遭受巨大破坏并潜伏多种威胁，已成为青藏高原经济社会可持续、健康发展的一个重要制约因素。

近年来，在全球气候变暖和人类活动频繁的背景下，青藏高原自然灾害呈现出加剧态势。2008 年 5 月 12 日四川汶川特大地震、2010 年 4 月 14 日青海玉树强烈地震、2010 年 8 月甘肃舟曲特大山洪泥石流灾害等相继发生。2017 年 6 月 24 日，四川省阿坝州茂县叠溪镇新磨村突发山体高位垮塌，该村河道堵塞 2 km，40 户 100 余人被掩埋。频繁的自然灾害对不同区域可持续发展造成了极大影响。面对严峻的灾害形势和挑战，党中央、国务院把防灾减灾工作作为政府社会管理和公共服务工作的重要组成部分，将减轻灾害风险列为政府工作的优先事项，防灾减灾地位和作用更加凸显。中共十八大报告也将加强防灾减灾体系建设，提高气象、地质、地震灾害防御能力作为生态文明建设的重要内容。由此可见，可持续发展已成为灾害治理的基础性规范。

全面认识和客观评价青藏高原多灾种自然灾害风险，是提高青藏高原风险分析水平，增强其风险控制与管理能力的前提和基础。自然变异与脆弱的社会适应性是青藏高原乃至中国自然灾害频发的两个主要因素。自然灾害主要受控于自然事件的危险性风险，而承灾区暴露性、脆弱性及其适应性风险则是决定自然灾害形成的社会条件。自然灾害事件危险性风险较难克服，但通过降低承灾体暴露性、减小承灾体脆弱性及提升承灾区防灾减灾能力（如预警预报、灾害准备金、防灾工程、医疗条件、应急管理能力、灾害保险率等）可减小或规避自然灾害风险及损失。过去主流强调灾害发生的自然属性机理研究，但目前灾害风险辨识、风险控制、防灾减灾已逐渐成为关注焦点，这种主动积极的灾害风险评估与管理必将有助于规避和减轻自然灾害对其承灾区的潜在影响。

本书针对青藏高原防灾减灾战略的国家需求，围绕青藏高原主要灾种，通过对多源多时相遥感影像、气候背景、地理信息、社会经济及历史灾情资料的收集与分析，明晰了各类自然灾害发育特征、形成条件、风险演化及影响过程，以及成灾机理。确定了不同灾种综合风险评估体系，系统评估了青藏高原多（单）灾种综合风险程度，并对其进行了区划。最后，提出了青藏高原多灾种自然灾害综合风险管控战略。本书选题前沿，研究方法和视角新颖，学科交叉性强，其内容范围涉及自然灾害内涵及类型、青藏高原主要自然灾害时空特征、不同自然灾害成灾机理及综合风险评估、青藏高原多灾种综合风险评估、多灾种综合风险管控战略等。本书利用RS、GIS技术方法，通过不同灾种风险分析、评估，最后建立了多灾种综合风险评估体系，其写法深入浅出、通俗易懂。正文配有大量图表，以诠释青藏高原不同灾种影响及其空间特征，研究结论或结果具有较强的科普意义和重要的理论推广价值。在气候变暖背景下，青藏高原气象气候灾害、地质灾害频率在加剧，防灾减灾已成为青藏高原经济社会持续发展的重要任务，本书的出版将为区域防灾减灾规划的制订提供理论基础。当前，大多数自然灾害风险评估通常不考虑变化的气候、人口、城市化和自然环境条件，只提供静态的自然灾害风险评估。基于这种风险评估结果做出的风险管理决策也不会考虑风险驱动因素持续而快速的变化，进而导致灾害风险被低估，这也是本书存在的问题。下一步，多灾种自然灾害综合风险评估将向动态风险评估转变，以揭示多灾种自然灾害综合风险的驱动因素以及减灾政策的有效性。

在写作过程中，本书参考引用了国内外同行专家与学者相关自然灾害论著的部分结论和成果，且在书中已作标注，在此表示衷心感谢。同时，也非常感谢兰州大学资源环境学院陈冠博士在地震、滑坡泥石流风险评估方面，以及中国科学院西北生态环境资源研究院魏彦强博士在牧区雪灾方面所做的工作。

自然灾害多灾种综合风险评估成灾机理较为复杂，涉及因素较多，其风险分析、风险评估与风险管理具有一定难度，加之著者水平所限，本书在理论方法等方面还有许多有待完善之处，恳请广大同行和读者给予批评指正。

王世金

2020年7月20日于兰州

目　　录

第一章　绪　论

一、研究背景

（一）自然灾害分类

自然灾害是由自然事件或力量为主因造成的生命伤亡和人类社会财产损失的事件（黄崇福，2009）。自然灾害形成必须具备两个条件：一是自然异变是其诱因（包括孕灾环境）；二是受害的社会系统是其客体（承灾体）。按自然灾害发生区域，可分为陆地自然灾害与海洋自然灾害，陆地自然灾害包括地质灾害、水文灾害、生物灾害、环境灾害等灾种，海洋自然灾害包括风暴潮、海啸、赤潮等灾种。按自然灾害持续时间，可分为突发性自然灾害和缓发性自然灾害两大类。突发性自然灾害具有发生突然、历时短、爆发力强、成灾快、危害大等特点，如地震、火山、崩塌、滑坡、泥石流等。缓发性自然灾害是逐步发展而产生的灾害，其危害程度逐渐加重，一般涉及范围较广，对生态环境影响较大，但不会在瞬间摧毁建筑物和造成人员伤亡，如沙漠化、水土流失、生态灾害等。紧急灾难数据库（Emergencies Disasters Data Base，EM-DAT）将灾害分为自然灾害和技术灾害两大类，自然灾害进而再细分为生物灾害、地质灾害（或地球物理灾害）、水文灾害、气象灾害、气候灾害等一系列次级灾害类型。其中，生物灾害可分为疫情、病虫害和动物踩踏灾害；地质灾害可分为地震、火山灾害和块体运动（干）灾害；水文灾害可分为洪水和块体运动（湿）；气象气候灾害则可分为风暴、极端气温、极端冬季条件、干旱和野火灾害（EM-DAT，2005；Guha-Sapir et al.，2015）（图 1-1；表 1-1）。其中，部分灾害具有交叉性或具有链式效应，如降雨、融雪、冰凌、风暴潮等气象气候因素可引起洪流、积水、冰湖溃决、融雪洪水等水事件，进而造成洪涝水文灾害，洪涝水文灾害的发生又会促发滑坡、泥石流等地质灾害。

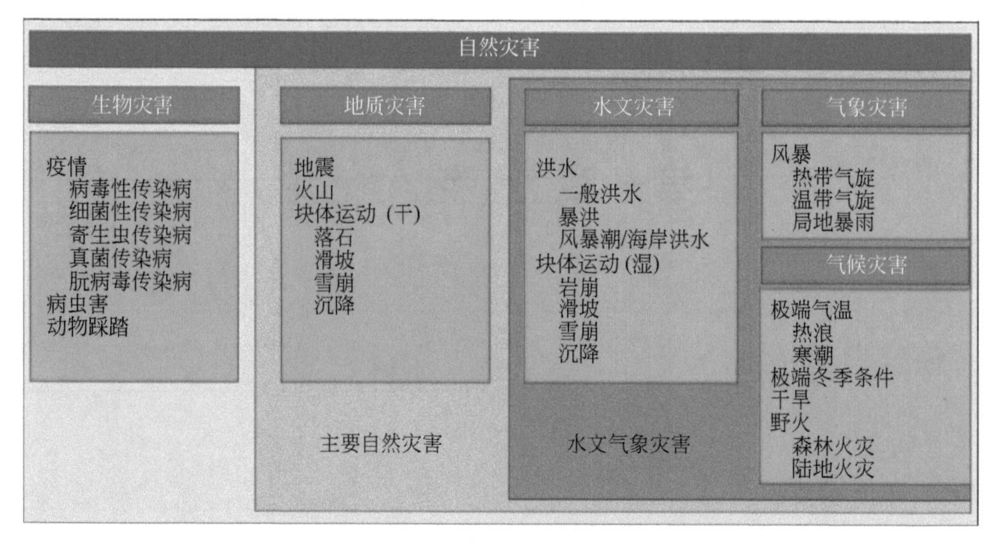

图 1-1 自然灾害分类

表 1-1 自然灾害分组、定义及其分类（Guha-Sapir et al.，2015）

自然灾害分组	定义	主要类型
生物灾害	活生物体暴露至细菌和有毒物质中导致的灾害	疫情、病虫害、动物踩踏
地质灾害	起源于固体地球事件	地震、火山、块体运动（干）
水文灾害	正常水循环偏离和（或）因风所导致的水体溢出所致的事件	洪水、块体运动（湿）
气象灾害	短期的小至中尺度大气过程（范围可从分钟至几天）所导致的事件	风暴
气候灾害	长期的中至大尺度的气候变化过程（范围可从季节内到多年代际）导致的事件	极端气温、极端冬季条件、干旱、野火

造成全球人员伤亡、经济损失和影响社会发展的主要自然灾害总体上包括地震（earthquake）、洪水（flood）、干旱（drought）、风暴（storm）、热带气旋（飓风、气旋、台风）（tropical storm，including hurricane，cyclone，typhoon）、滑坡（landslide）、海啸（tsunami）、火山喷发（volcanic eruption）、病虫害（insect infestation）、热浪（heat-wave）、火灾（fire）、雪崩（avalanche）、寒潮（cold wave）、疫情（epidemic）等。在各类自然灾害中，地震、洪水、热带气旋和干旱造成的经济损失和破坏最大，洪水、热带气旋和干旱受影响人群最大，而洪水、热带气旋、地震和流行病造成人员伤亡最多。其次，滑坡、暴风、冰湖溃决、雪崩、

牧区雪灾也会造成较大的人员伤亡。在自然灾害预测方面，地震预测仍是当今世界科学的一大难题，地震预测目前正处于科学探索阶段，鲜有成功案例。洪涝、台风等风暴潮气象灾害预测随着气象科学的发展，准确率逐年提高，在防灾减灾工作中发挥了极大作用。滑坡泥石流灾害预测主要依赖于孕灾环境事件的预测，目前滑坡泥石流地质灾害风险评估与制图已较为成熟，为地质灾害防范与治理提供了依据。我国常见自然灾害有七大类，分别为气象灾害（干旱、暴雨、台风、冰雹、雪灾）、洪水灾害、地震灾害、地质（地貌）灾害（崩塌、滑坡、泥石流、地面塌陷、地裂缝）、海洋灾害（风暴潮、海啸、赤潮）、生物灾害、火灾（森林火灾、草原火灾）。

自然灾害与经济发展是一种互动关系。一方面，随着经济发展，人类抵御灾害的能力不断提高，在一定程度上减轻了灾害影响。另一方面，经济的发展又增加了其在灾害中的暴露性风险，灾损风险增大。同时，从灾害对经济发展的影响来看，灾害阻碍经济发展，是制约经济发展的长期性因素，但从某种意义上说，通过防灾减灾技术的提升，又促进经济发展。总体而言，灾害对经济发展具有破坏性，而经济发展有助于减轻或降低灾害风险。对于自然致灾因素而言，它对各国和地区所造成的人员和经济影响，与当地的经济和社会发展程度、人口数量与防灾措施等相关。一般而言，灾害对于经济脆弱、人口密集和防灾措施较差的国家和地区产生的破坏，要比经济发达、人口稀少和防灾措施得力的国家和地区严重。

（二）自然灾害特点

全球自然灾害空间分布广泛，灾害类型多样，自然灾害对人类经济社会影响显著，破坏巨大，不仅造成人员伤亡，破坏房屋、铁路、公路、航道等工程设施，造成直接经济损失，而且破坏人类赖以生存的资源和环境，对灾区经济社会健康发展的影响广泛而深远，亟须从不同学科和各级政府部门入手加强多灾种自然灾害的防范与治理研究工作。总体而言，自然灾害具有以下三方面特征。

1. 必然性与随机性

自然灾害与人为灾害不同，其发生不具可控性，它是由自然灾变引发的不可避免的自然现象。自然灾变活动是伴随着地球运动而与地球共存的现象，其成因背景极其复杂，目前人类掌握的科学技术水平难以实现对绝大部分自然灾变活动规律的准确掌握。自然灾变活动在人类社会出现后既危害着人类的生存与发展，导致人员伤亡与财产损失，也对社会经济起着制约作用。自然灾害活动是在多种条件作用下形成的，它既受到地球内部动力控制，又受地球外部圈层（大气圈、天体活动等）影响。因此，自然灾害发生的时间、地点、强度等具有极大的不确定性，自然灾害活动是复杂的随机事件。然而，随着人类对自然认识水平的提高，人们认识到自然灾害具有随机性的同时，自然灾害的发生、演变和结束也存在一定的规律。通过研究自然灾害的基本属性及其成灾机理，掌握自然灾害发生条件和分布规律，进行预测、预报并采取适当防御措施，自然灾害可以被防御，其灾损也可以减小或避免。

2. 突发性与复杂性

根据自然灾害发生和发展的时间可以分为突发性自然灾害和渐发性自然灾害两种。突发性自然灾害具有在极短的时间内造成巨大损失的特点，它是由孕灾环境能量积累到一定程度忽然爆发而形成的。突发性自然灾害一般发生时强度大、发展的过程十分短暂，影响范围相对较小，如地震灾害；渐发性自然灾害的特点与突发性自然灾害相反，一般发生时强度较小，其危害的严重性往往经过一段时间才能体现出来，如旱灾。自然灾害链的复杂性主要表现在发生自然灾害的原因多种多样，虽然起主导作用的是自然因素，但也不能忽视人为因素对其成因的影响。自然灾害既有一灾一因、灾灾相连，又有一灾多因，一因多灾，其突发性与复杂性特点给防灾减灾工作带来了巨大困难。

3. 群发性与链发性

许多自然灾害不是孤立发生的，在特定区域内，在相近孕灾环境下，自然灾害常具有群发性特点。一种自然灾害可能引发另一种自然灾害，或一种自然灾害可以诱发多种次生灾害。任何一个自然灾害发生的原因都不是孤立、静止的，都是与其他因素相联系的；任何一个自然灾害发生，都要对其周围环境（包括与其发生广泛联系的其他系统）产生多种多样的影响。自然灾害的群发性表现在自然灾害往往在某一时间段内或某一地区接连发生，形成灾害链现象。自然灾害的链发性表现在许多自然灾害，特别是一些范围广、强度大的灾害，其在发生、发展过程中往往会诱发一系列的次生灾害和衍生灾害（Mileti，1999；季学伟等，2009），这些灾害共同作用于人类社会，形成灾害的叠加作用过程，放大了源生灾害造成的影响，给人类社会的防灾抗灾工作造成了极大的困难。例如，地震引发海啸、滑坡、泥石流，海啸催生核污染；台风引发强降雨，强降雨引发山洪、泥石流、城市洪涝；暴雨性、溃坝性和融雪性洪水等常伴有崩塌、滑坡、泥石流等次生灾害；寒潮引发低温和大风，低温导致生物冻害，大风导致沙尘暴，沙尘暴引发大气污染等。2008 年，发生在四川汶川的大地震伴随着滑坡、泥石流、堰塞湖灾害、重要基础设施破坏、化工厂原料泄漏、建筑物火灾等，就是一个典型的多灾种链式灾害事例。2011 年 3 月，日本发生地震，同时由地震引起发地震灾害链，表现为海啸、洪水、泥石流、滑坡等一系列自然灾害，灾害共造成 19 533 人死亡，经济损失达 2100 亿美元。由于地震引起福岛核电站发生泄漏，日本周边东亚地区大气与海洋均受到影响。后期，数百万吨含有放射性物质的冷却水被直接排入太平洋，对海洋生态系统造成严重影响。另外，冻融冻胀与高原沙漠化息息相关，沙漠化的产生则会导致沙尘暴的发生。

（三）世界自然灾害概述

全球变化背景下各类自然灾害的发生，造成不同国家和地区大量的人员伤亡、财产损失，生态环境与自然资源遭到破坏，由此导致区域经济和社会可持续发展受到了不同程度的影响。1980 ~ 2012 年，全球共发生各类重大自然灾害事件约 21 000 起，其中地震、火山活动占总数的 13%，风暴灾害占 39%，洪水灾害占 35%，干旱和极端高温占 13%；全球因各类自然灾害受损、倒塌房屋 2.30×10^6 间，因灾造成的直接经济损失达 3.80×10^4 亿美元。2004 ~ 2012 年，全球共发生重大自然灾害 7410 起，因灾造成的直接经济损失达 1.45×10^4 亿美元，其灾害发生数及因灾造成的直接经济损失就占 1980 ~ 2012 年总数的 35.29% 和 38.16%。2004 ~ 2013 年，世界年均自然灾害 384 起，年均自然灾害死亡人数达 99 820 人，受灾人数高达 1.408 亿人。2004 ~ 2013 年，全球水文与气象、气候灾害年均发生率占总自然灾害数的 20.30% 和 34.40%。2004 ~ 2013 年，中国、美国、菲律宾、印度尼西亚和印度是遭受自然灾害侵袭最频繁的 5 个国家。2004 ~ 2013 年，有两年因灾死亡人数超过 200 000人，分别是 2004 年的印度洋海啸（226 408 人死亡）、2010 年的海地地震（225 570 人死亡）（图 1-2）（Munich，2013；Guha-Sapir et al.，2015）。《2015-2030 年仙台减少灾害风险框架》也显示：2004 ~ 2013 年，灾害不断造成严重损失，给各个国家乃至整个人类社会的安全都带来了巨大的影响。在这十年中 70 多万人丧生、140 多万人受伤和 2300 多万人无家可归。有超过 15 亿人正遭受着各方面灾害的影响。特别是妇女、儿童和弱势群体受到的影响更为严重。经济损失总额超过 1.30 万亿美元。

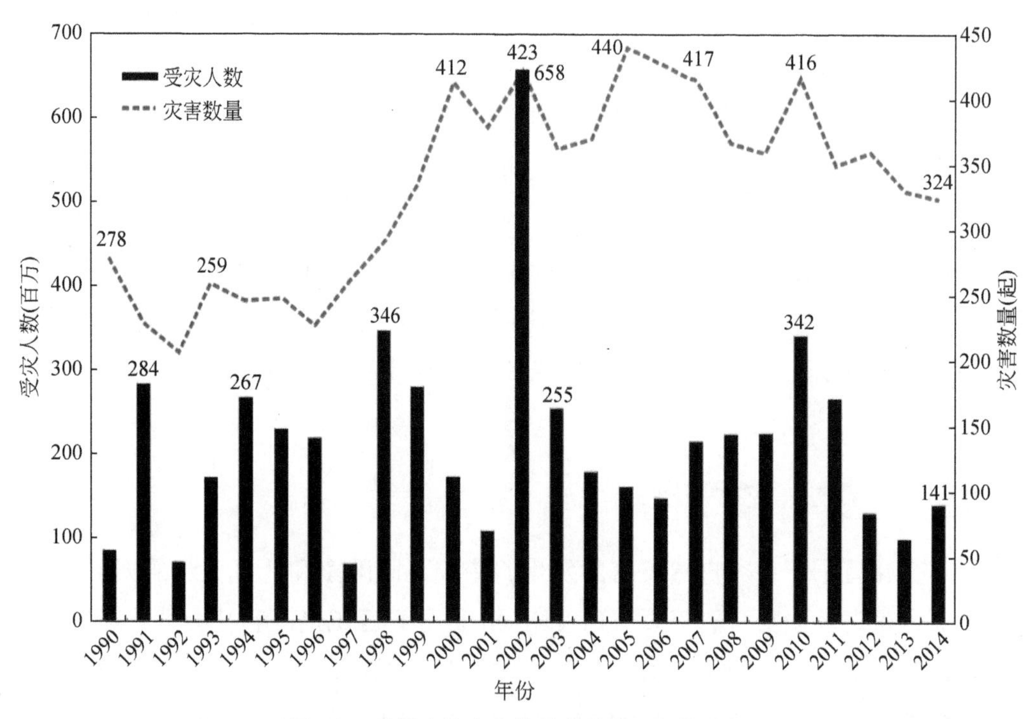

图 1-2　世界自然灾害数量及其受灾人数趋势

1）受灾人数为死亡人数与受影响人数总合；2）进入 EM-DAT 的灾害数据必须满足下列四个条件之一：①灾害导致 10 人或更多人员死亡；②受灾人口达到 100 人或更多；③政府宣布进入紧急状态；④政府呼吁国际援助。符合上述四个条件之一的灾害事件在数据库中以国家尺度记录为一次灾害事件

2014 年，全球发生水文灾害数（153 起）仍占总自然灾害数的最大份额（47.22%），之后依次是气象灾害（118 起；36.42%），地质灾害（32 起；9.88%）和气象气候灾害（21 起；6.48%）（图 1-3）。2014 年，全球自然灾害造成的经济损失估计为 992 亿美元，为 2004 年以来第四低，较 2004 ~ 2013 年平均损失（1625 亿美元）降低 39%。损失的降低主要是由于地质灾害（74 亿美元；较 2004 ~ 2013 年地质灾害平均损失降低 85.30%）和气象灾害频率的减少（431 亿美元；较 2004 ~ 2013 年气象灾害平均损失降低 41.30%）。相反的是，2014 年因水文灾害造成的经济损失（374 亿美元）高出 2004 ~ 2013 年水文灾害平均损失的 19.40%，而气候灾害造成的经济损失（113 亿美元）高出 2004 ~ 2013 年气候灾害平均损失的 48.80%（Guha-Sapir et al.，2015）。2014 年，在全球因灾死亡人数方面，位居前 10 位的国家中，7 个为低收入或中低收入经济体（低收入国家：阿富汗、尼泊尔；中低收入国家：印度、印度尼西亚、巴基斯坦、菲律宾、斯里兰卡；中高收入国家：中国、

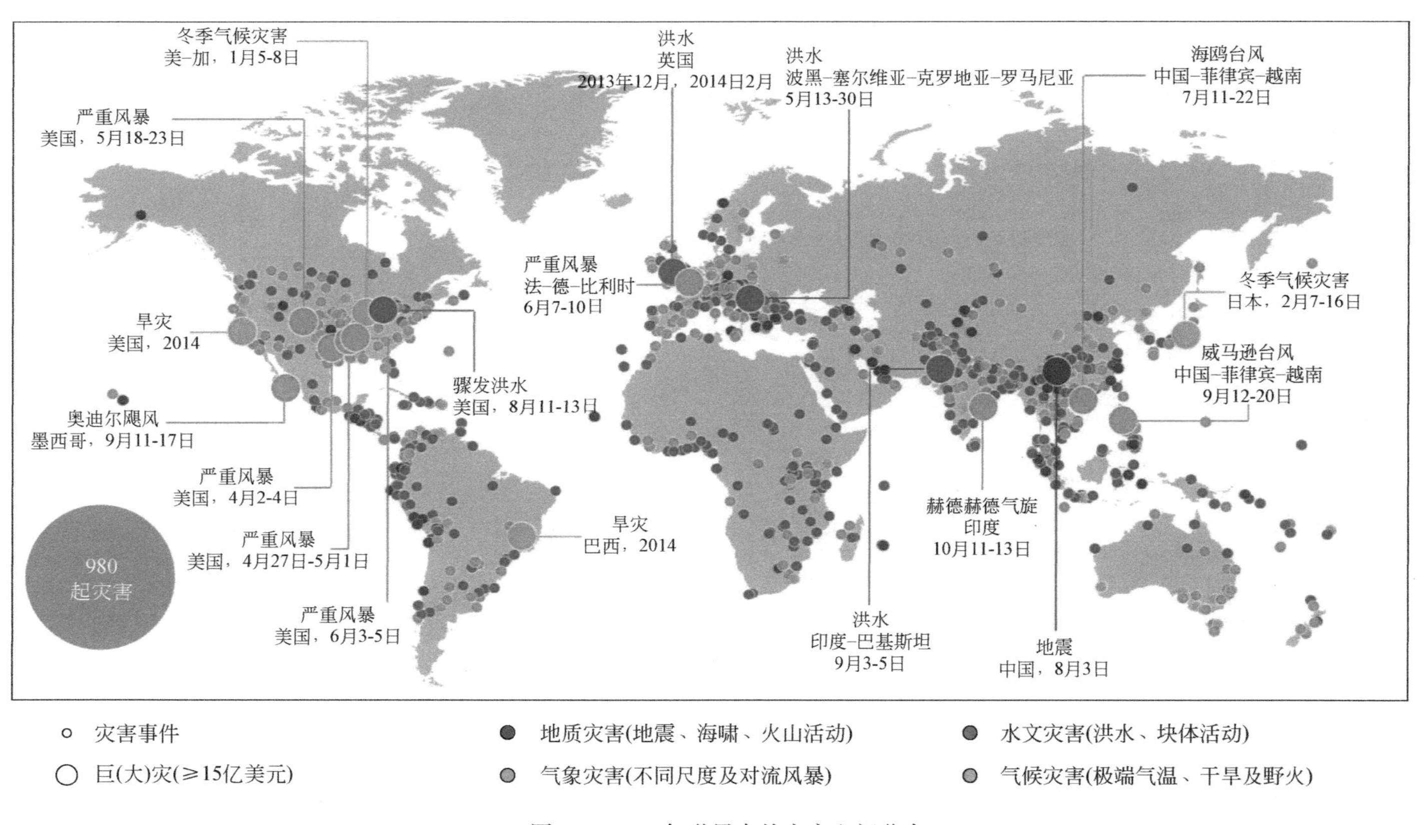

图 1-3　2014年世界自然灾害空间分布

资料来源：慕尼黑再保险利用自然巨灾服务，2015

秘鲁；高收入国家：日本)，其因灾死亡人数占全球因灾死亡人数的46.10%。三个高收入或者中高收入国家的因灾死亡人数占29.2%。2014年造成500人以上死亡人数的自然灾害共有两次：8月中国鲁甸县地震（617人死亡）、秘鲁寒流（505人死亡)。2014年，中国发生自然灾害总次数为40次，是2004~2013年中第二个高频年。中国遭受多种自然灾害侵袭，包括15次洪水和山体滑坡，15次台风（热带气旋)，8次地震和2次干旱。与之形成对比，2014年菲律宾和印度尼西亚发生的自然灾害次数分别是2004~2013年中的第二和第三低。

综观各大洲灾害分布，可以看到，2014年亚洲受灾最频繁（44.40%)，之后依次为美洲（23.50%)、欧洲（16.70%)、非洲（12.00%）和大洋洲（3.40%)(表1-2)。此外，2014年全球报告受灾人数中，亚洲占69.51%（2004~2013年平均占80.66%)，而美洲占22.86%（2004~2013年平均占4.92%)，非洲占5.49%(2004~2013年平均占13.99%)，欧洲占2.04%（2004~2013年平均占0.33%)，大洋洲占0.10%（2004~2013年平均占0.10%)(表1-3)。

表1-2　2014年全球自然灾害发生数与影响：区域尺度　　（单位：起）

自然灾害数	非洲	美洲	亚洲	欧洲	大洋洲	全球
气候灾害	5	9	5	1	1	21
年均（2004~2013)	13	9	5	4	1	32
地质灾害	4	8	17	2	1	32
年均（2004~2013)	2	6	21	2	2	33
水文灾害	24	31	65	29	4	153
年均（2004~2013)	45	38	83	20	5	191
气象灾害	6	28	57	22	5	118
年均（2004~2013)	9	38	47	28	6	128
合计	39	76	144	54	11	324
年均（2004~2013)	69	91	156	54	14	384

表1-3　2014年全球自然灾害受灾人数：区域尺度　　（单位：百万人）

自然灾害数	非洲	美洲	亚洲	欧洲	大洋洲	全球
气候灾害	6.61	29.73	31.73	0.00	0.00	68.07
年均（2004~2013)	24.24	1.84	26.83	0.12	0.00	53.03
地质灾害	0.01	0.62	2.65	0.08	0.00	3.36
年均（2004~2013)	0.05	0.94	7.51	0.02	0.07	8.59

续表

自然灾害数	非洲	美洲	亚洲	欧洲	大洋洲	全球
水文灾害	0.98	1.44	37.10	2.68	0.08	42.28
年均（2004～2013）	3.23	4.48	86.07	0.32	0.08	94.18
气象灾害	0.13	0.37	26.33	0.11	0.06	27.00
年均（2004～2013）	0.35	2.56	40.30	0.19	0.04	43.44
合计	7.73	32.16	97.81	2.87	0.14	140.71
年均（2004～2013）	27.87	9.82	160.71	0.65	0.19	199.24

注：受灾人数为死亡人数与受影响人数总和

在全球化过程的推进下，人类活动对自然环境和社会环境的干扰和影响前所未有，人类活动造成的全球变暖的确导致局部地区和全球环境频繁出现极端的气候事件，气候异常变得更加持续，其强度和频率在不断增加（Sexton et al.，2001；UN/ISDR，2004；Hegerl et al.，2007；Stott et al.，2010）。在全球气候变化背景下的台风、高温热浪、冰雪、浓雾、极端低温等极端天气现象呈现出强度加强、破坏力增大的趋势，全球冷热不均将成“常态”。厄尔尼诺现象、拉尼娜现象等影响全球的极端气候事件将会不断增加。特别地，全球变化背景下，各种自然灾害的发生，往往诱发灾害链或引起灾害群发。灾害叠加效应和放大效应，给人类社会和地表环境带来更大的破坏。常见的灾害链主要有以下四种：台风暴雨灾害链、寒潮灾害链、干旱灾害链和地震灾害链（史培军，2002；王龙等，2013；汤伟，2013），日本福岛地震、印度洋海啸、美国新奥尔良飓风、中国汶川地震都是典型案例。自然灾害的多灾种叠加、群发在全球气候变化的大背景下，表现得尤为突出。全球气候变化背景下，由地震、台风等致灾因子引起的灾害群发已经成为灾害的一个新趋势。以前颇为有效的单个灾害治理框架逐渐失效，如何搭建相互衔接的多重政策框架考验着国际社会的政治智慧。

（四）中国自然灾害概述

中国位于太平洋板块、印度洋板块和亚欧板块强烈活动地带，地势西高东低，降雨时空分布不均，东邻太平洋，是世界上两条巨型自然灾害地带（北半球中纬度重灾带与太平洋重灾带）都涉及的国家，这使中国成为了全世界易灾、多灾、灾情严重的国家之一（李世奎等，1999）。中国地域辽阔，构造复杂，地理生态环境多变，有着各种灾害发生的生态条件，是世界上地震、滑坡、泥石流、干旱、台风灾害的频发区和重灾区之一。与世界其他国家相比，中国灾害种类几乎包括了世界所有灾害类型。2000 年以来，中国进入新的灾害多发期，自然灾害极端气候事件频次增加，重特大自然灾害接连发生，严重洪涝、干旱和地质灾害以及台风、冰雹、高温热浪、海冰、雪灾、森林火灾等多灾并发，给经济社会带来严重影响，国家防灾减灾工作面临严峻形势（廖永丰等，2011）。

中国自然灾害的空间分布及其地域组合与自然条件和社会经济环境的区域差异具有很强的相关性，自然灾害横贯东西，纵布南北，或点状、带状集中突发，或面状（或流域）迅速蔓延，空间分布集聚性和不平衡性威胁着国土大部分范围。一般来说，旱涝灾害、环境灾害（水土流失、沙化、盐碱化）呈大范围的面状分布；地震集中于活动构造带上，滑坡、泥石流、山崩多呈点状突发和带状集群分布。同时，空间分布上，自然灾害具有显著的南北与东西交叉分带特点。中国的自然灾害，特别是等级高、强度大的自然灾害，常常可诱发出一连串次生的与自然衍生的灾害，从而形成灾害链（彭珂珊，2000）。总体上，中国自然灾害灾情呈现出南重北轻、中东部重西部轻的空间分布格局，中国受灾最严重的省份基本全部集中于西南及长江中下游地区，这与中国地处东亚季风气候区域，常年受季风气候影响的气候特征是一致的。华中、西南、华东三个地区是中国灾情最严重的区域，灾种组合以洪涝（滑坡、泥石流）、冰雹和台风灾害为主；东北、西北、华北地区是我国灾情相对较轻的区域，灾种组合以旱灾和冰雹灾害为主。诸类灾害中，旱灾与洪涝（滑坡、泥石流）灾害存在一定的空间相关性，旱灾受灾最严重省份主要分布于北方地区，洪涝灾害受灾最严重省份则主要分布在南方地区，总体呈现出南涝北旱的特点；冰雹灾害呈现全国普发态势；台风灾害主要集中于我国东南沿海地区，其影响呈现出从沿海向内陆递减的趋势（廖永丰等，2013）。

1980 ~ 2014 年，中国因灾（自然灾害）死亡和失踪人数总体上呈现一个下降态势（扣除 2008 年汶川地震和 2010 年玉树地震及舟曲泥石流灾害）。1980 年因灾死亡和失踪人数为 7700 人，1990 年为 7300 人，2000 年为 5521 人。2008 年扣除汶川地震，因灾死亡和失踪人数为 1778 人；2010 年扣除玉树地震和舟曲泥石流灾害，因灾死亡和失踪人数为 3381 人。截至 2014 年，因灾死亡和失踪人数降至 1818 人，2.4 亿人次不同程度受灾，紧急转移安置 601.7 万人次；农作物受灾面积 2489.1 万 hm^2，其中绝收面积 309.0 万 hm^2；倒塌房屋 45 万间，不同程度损坏房屋 254.2 万间；因灾造成的直接经济损失 3373.8 亿元（图 1-4）。

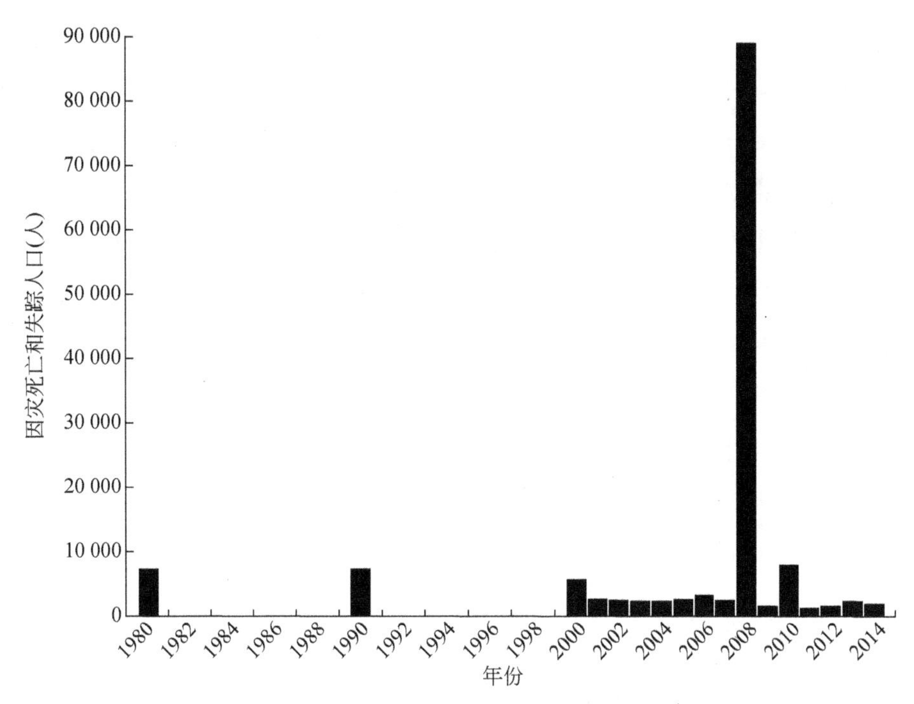

图 1-4　1980 ~ 2014 年中国因灾死亡和失踪人口变动

数据来源：民政事业发展统计报告 1980 ~ 2014 年

“十一五”是中华人民共和国成立以来自然灾害最为严重的时期之一，南方低温雨雪冰冻、汶川地震、玉树地震、舟曲泥石流等特大灾害接连发生，严重洪涝、干旱和地质灾害以及台风、冰雹、高温热浪、海冰、雪灾、森林火灾等灾害多发并发，给社会经济发展带来严重影响。中国自然灾害因灾损失并未因经济的快速发展而有所降低，相反总体上出现了一个上升态势。20 世纪 50 年代，平均每年因灾造成的直接经济损失为 1536 亿元，60 年代平均每年为 1451 亿元，70 年代平均每年为 1648 亿元，80 年代平均每年为 1428 亿元，90 年代平均每年为 1406 亿元，21 世纪前 10 年则上升为每年 2280 亿元（按 2000 年可比价折算）（发生巨灾的 2008 年未计入）（丁一汇等，2015）。

特别地，洪灾、旱灾、冰雹、雪灾、低温冷冻雨雪灾害是中国五类主要的气象灾害。在 1950 ~ 2013 年，中国气象灾害影响面积呈现一个显著的增加趋势（Guan et al.，2015）。1949 ~ 2013 年，中国因气象灾害死亡和失踪人口超过 155. 50 万人，整体上呈现一个明显的下降态势，其年均死亡人口由 50 年代的 15 170 人下降至 60 ~ 90 年代的 4928 ~ 6950 人，最后下降至 21 世纪以来前 10 年的 1324 人，而2010 ~

2013 年，年均死亡人口仅为 1184 人。相反，气象灾害造成的直接经济损失绝对值却呈上升趋势，年均气象灾害造成的直接经济损失由 50 ~ 70 年代的约 1000 亿元上升至 90 年代 ~ 21 世纪前 10 年的 2500 亿元以上，进而到 2010 ~ 2013 年的超过 4200 亿元，21 世纪以来气象灾害造成的年均直接经济损失达 3053 亿元。90 年代之后，中国年均气象灾害造成的直接经济损失是 90 年代之前的 2.5 倍。2010 ~ 2013 年，年均直接经济损失是 50 年代的 4.2 倍。自改革开放以来，气象灾害造成的直接经济损失以约每年 70 亿元的幅度增长。全国地质灾害通报显示：1994 ~ 2013 年，中国地质灾害年均死亡人口为 958 人，地质灾害直接经济损失年均约 70 亿元（2013 年价格）。综合主要气象灾害发生频次、直接经济损失和死亡人口来看，洪涝、台风等风暴类和旱灾是影响中国的主要气象灾害，且与降水相关的滑坡、泥石流等次生灾害也占据重要比例，这四类气象灾害的影响呈上升趋势（吴吉东等，2014）。

（五）青藏高原自然灾害概述

自然灾害区域分异于地表环境（地形地貌、地质构造、气象气候、水文、植被、土壤），与人类活动发展状况密切相关。青藏高原地处亚欧板块和印度洋板块结合处，青藏高原东部及东北部位于中国第一、第二阶梯，第一阶梯与第二阶梯交汇处地势突变，地质构造发育，地壳活动强烈，河流下切严重，山高谷深，干湿季节分明，为地质灾害的发生提供了有利条件，并且伴随着人口急剧增长，不当的生产生活和工程建设活动更是加剧了环境的压力，使其成为中国地质灾害（地震、滑坡、泥石流、地面塌陷或沉降）频发区和重灾区，更是青藏高原灾损最为严重的灾种。例如，2008 年四川汶川地震、2010 年青海玉树地震、2010 年甘肃舟曲泥石流。在全球暖化强度和持续性越来越显著的背景下，青藏高原冰冻圈（冰川、积雪、冻土等固态水组成的圈层）普遍萎缩并引发冰湖溃决、冰雪洪水、冰川泥石流、雪/冰崩、冻融等自然灾害。其中，冰湖溃决灾害是与气象、地质、水文相关的自然灾害，尽管发生概率较小，但危害极大，甚至会造成跨国灾害。洪涝灾害发生的频率虽然不是很高，但经常会引起崩塌、滑坡、泥石流等次生灾害，破坏力非常强。青藏高原海拔较高、气候寒冷、降雪较多，雪灾成为青藏高原牧区冬春季影响最广、破坏力最大、影响畜牧业最严重的自然灾害之一。青藏高原春夏两季降雨较少，青藏高原常发生干旱事件，其干旱的气候背景使高原生态系统极为脆弱，草原虫害、鼠害及草原火灾风险巨大。同时，伴随着水土流失、风蚀沙化、盐碱化等较高等级的生态环境灾害风险。因高原远离太平洋，故台风灾害较少。另外，大风、雷电和冰雹等强对流气象灾害在青藏高原也常发生。

总体而言，青藏高原是生态极为脆弱地区，同时也是自然灾害频发区。近几十年来，青藏高原成为受全球气候变化影响最为显著的地区之一。青藏高原灾害分布地域广、灾损大，呈频发、群发、多发和并发趋势，因地方财政薄弱，抵御灾害能力极为有限，多灾种自然灾害严重影响青藏高原居民生命、财产安全，以及交通、基础设施、农牧业生产等，使青藏高原经济社会遭受巨大破坏并潜伏多种威胁。

（六）青藏高原不同灾种自然灾害主要承灾体

承灾体是自然灾害影响对象，亦是灾害形成的社会要素。灾种不同，灾害形成区位不同，其承灾体不同，危害程度和方式亦不同。例如，旱灾主要影响农、牧、林等产业，而对人口影响程度相对较小；滑坡、泥石流和山洪等灾害除危害损毁资产和财产以外，还常常造成人员伤亡。同一承灾体，不同灾种，其灾损程度及灾后恢复存在明显差异，故承灾体的判别和划分是自然灾害风险评估的前提。承灾体灾损程度，除与致灾因子强度有关外，很大程度上取决于承灾体自身抗灾性能。一般而言，承灾体包括人口、财产和人类赖以生存的环境（包括资源）三方面，非涉及三方承灾体的均非自然灾害。根据青藏高原主要灾种自然灾害影响范围及其影响程度，本书对其承灾体进行了划分（表 1-4）。因此，需要先进行单灾种自然灾害风险评估，在此基础上，再对多灾种自然灾害综合风险进行系统评估。

表 1-4　青藏高原不同灾种自然灾害所涉及的主要承灾体（灰度表示受自然灾害影响的主要承灾体）

统计指标	地震	滑坡、泥石流	冰湖溃决	雪灾	干旱	冰雹	病虫害	冻融	沙漠化
人口									
基础设施（道路、房屋等）									
牲畜									
农作物									
草场									

二、研究意义

（一）综合风险是正确认识自然灾害致灾机理的基础

自然灾害具有自然和社会属性，是自然与社会环境共同作用的结果。自然灾害主要受控于气象气候、地质、水文、生态等危险性自然条件，而承灾区承灾体脆弱性风险则是决定自然灾害形成的社会条件。同时，不同灾种的致灾体不同、孕灾环境不同、承灾体各异，故需要在正确认识理解不同灾种致灾体和承灾体基础上开展多灾种自然灾害风险研究。自然灾害自然风险较难克服，但通过降低承灾体暴露性、减小承灾体易损性及提升承灾区防灾减灾能力（如预警预报、灾害准备金、防灾工程、医疗条件、应急管理能力、灾害保险率等）可减小或规避自然灾害的自然风险。过去主流强调灾害发生的自然属性机理研究，但目前灾害风险辨识、风险控制、防灾减灾已逐渐成为关注焦点，这种主动积极的灾害风险评估与管理必将有助于规避和减轻自然灾害对其承灾区的潜在影响。因此，急需将多灾种灾害自然与社会风险视为一个整体系统，利用灾害管理学理论，对多灾种自然灾害进行全过程风险评价、控制与管理。

（二）防灾减灾是青藏高原经济社会可持续发展的重点

在气候变化、冰冻圈变化和地震活动频繁背景下，青藏高原自然灾害频发、多发、并发，具有难预测性、突发性、破坏力大、波及范围广等特点，严重影响着高原居民的生命财产安全，以及寒区交通运输、基础设施、农牧业、冰雪旅游发展乃至国防安全，使承灾区经济社会系统遭到了巨大破坏并潜伏多种威胁，已成为制约高原经济社会可持续发展的重要因素之一。一些外流水系的冰湖溃决灾害往往威胁着邻国的安全。可以说，全面认识和客观评价高原多灾种自然灾害风险水平，提高高原自然灾害风险防范水平，是青藏高原经济社会可持续发展的基础所在。

（三）多灾种综合风险管控有利于区域防灾减灾战略的实施

青藏高原地形、气候条件特殊，其灾害类型具有明显的地域特性。全球变暖将加剧自然灾害强度与频度。高原多灾种自然灾害受多致灾因子共同影响或作用，以及各灾种之间的相互关联性、链发性及其群发性，单灾种风险评估不足以反映高原多灾种综合风险程度。特别地，中国“十二五”规划和党的十八大报告也进一步指出，要加强防灾减灾体系建设，提高气象、地质等自然灾害监测、预警及防御能力。因此，亟须将风险全过程管理理念应用于高原多灾种自然灾害综合风险评估与管理研究，明晰高原主要自然灾害的时空分布规律、影响范围及成灾机理，厘清各灾种之间的相互关联关系，综合评估高原多灾种自然灾害综合风险，以增强高原多灾种预警预报和防灾减灾能力。

三、自然灾害综合风险研究思路

自然灾害综合风险是由自然事件致灾体与孕灾环境变化导致承灾区经济社会系统造成损失的可能性，包括自然系统风险和社会系统风险。根据国际灾害风险的定义：风险度=危险度（hazard，D）×脆弱性（vulnerability，V）。随着灾害风险研究的深入，当前已初步形成了以致灾因子危险性、承灾体物理暴露性、承灾体脆弱性和应灾（适应）能力分析为主的自然灾害风险分析与评估框架（Birkmann et al，2006）。当然，在分析自然灾害风险过程中，致灾因子还需考虑孕灾环境危险程度。自然灾害综合风险主要受控于自然条件，而承灾区承灾体暴露性、承灾体脆弱性与承灾区适应性因素则是决定自然灾害形成的社会条件（图 1-5）。自然灾害综合风

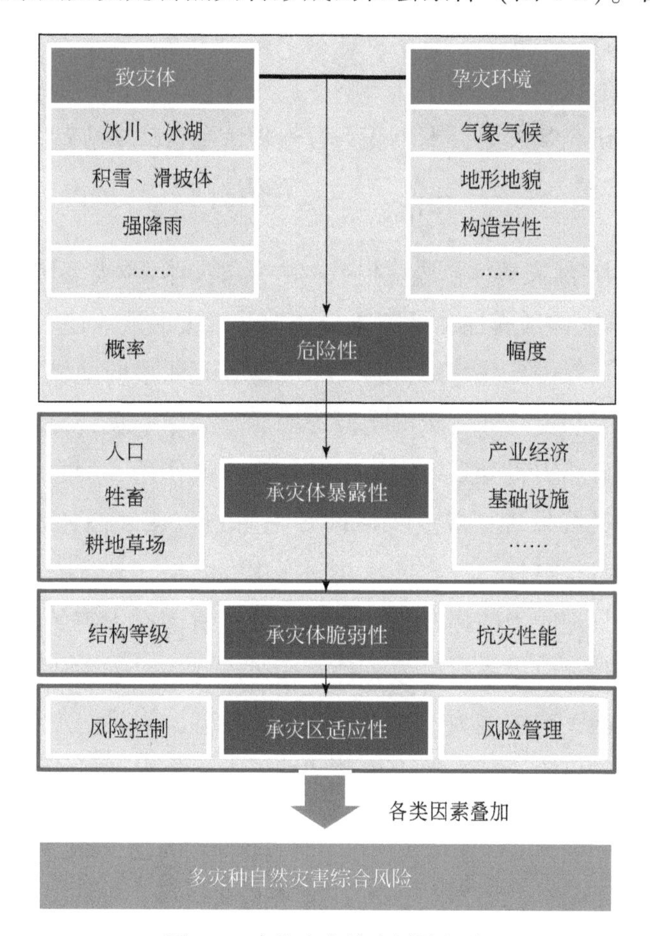

图 1-5　自然灾害综合风险组成

险评估是通过风险分析方法，对尚未发生的自然事件致灾因子强度、受灾程度所作的评定和估计。总体上，影响自然灾害综合风险的因素主要包括致灾体和孕灾环境危险性（如自然事件概率、强度、数量等），承灾体暴露性和脆弱性（人、经济社会系统、生态环境系统、基础设施等结构与等级，以及抗灾性能），以及承灾区适应性（风险控制与风险管理能力、预警能力、应急能力、防灾救灾能力和恢复能力等）（图 1-5）。

因此，自然灾害综合风险是危险性自然事件对承灾区经济、社会和环境造成不利影响的可能性预估，其综合风险指数（integrated risk index，IRI）可以表示为致灾体和孕灾环境危险性（hazard，D）、承灾体暴露性（exposure，E）、承灾体脆弱性（vulnerability，V）和承灾区适应性（adaptation，A）的函数：$\mathrm{IRI}_{\text{nature disaster}} = f(D, E, V, A)$。当然，在具体分析过程中，有可能出现不一样的灾害风险数学表达方式，但只要涵盖以上主要风险要素，则不存在哪种表达方式的对错问题，仅存在表达方式合理与否。总体上，自然事件及孕灾环境危险性、承灾体暴露性、承灾体脆弱性和承灾区适应性各因子相互影响、相互作用，共同构成自然灾害综合风险系统。在参考他人研究基础上，本书认为自然灾害综合风险表达式如下：

$$\mathrm{IRI}_{\text{nature disaster}} = \frac{H \times E \times V}{A}$$

式中，$\mathrm{IRI}_{\text{nature disaster}}$为自然灾害综合风险指数；$H$ 为致灾体-孕灾环境危险性（Hazard）；E、V 及 A 分别为承灾体暴露性、承灾体脆弱性及承灾区适应性。

青藏高原地形、气候条件特殊，其灾害类型具有明显的地域特性。高原对全球变暖贡献微乎其微，却受全球变暖影响极为明显。全球变暖将提高自然灾害强度与频率。高原多灾种自然灾害受多致灾因子共同影响或作用，加之各灾种之间的相互关联性、链发性及其群发性，单灾种风险评估不足以反映高原多灾种综合风险程度。同时，自然灾害是自然与社会环境共同作用的结果，其致灾体自然风险较难克服，但承灾区风险管理能力的提升则可以减小或规避诸类灾害的发生。因此，亟须将风险全过程管理理念应用于高原多灾种综合风险评估与管理研究中，以增强高原多灾种预警预报和防灾减灾能力。过去强调灾害管理，但目前灾前预防已成关注焦点，这种主动积极的风险管理有助于规避和减轻自然灾害的灾损，而避让和治理均要付出极高代价。风险管理则是风险识别、评估、决策及处置的全过程，其目标在于以最小成本实现区域最大安全保障。高原受多致灾因子共同影响，各灾种承灾体多有重叠之处，亟须进行多灾种自然灾害综合风险管理研究。

本书通过多源多时相遥感影像、气候背景、地理信息、社会经济及历史灾情资料的收集与分析，辨识高原主要自然灾害类型，建立了基于地理信息系统（geographic information system，GIS）技术的多灾种自然灾害数据平台。在此基础上，系统分析主要灾种历史灾情及其时空分布规律，辨识主要灾种风险源，明晰其发育特征、形成条件、风险演化及影响过程和成灾机理。依据不同灾种相对重要性及关联性，综合应用层次分析法、专家打分法和熵权系数法，确定风险评估体系各指标综合权重。同时，借助多种统计方法、理论及评估模型、GIS 栅格计算及图层叠置功能的综合集成，系统评估高原多（单）灾种综合风险，并对其进行区划制图。根据评估结果及风险容许标准，借鉴灾害风险管理范例，围绕“以人为本，预防为主、防治结合”原则，建立集“预警预报、数据信息共享、部委会商、群测群防、社区防灾教育、保险承担、应急备灾、强化灾评规划”等于一体的青藏高原多灾种自然灾害综合风险管控体系。

第二章 国内外自然灾害风险研究述评

一、自然灾害风险内涵

何谓自然灾害风险？从不同学科背景和不同研究角度，不同学者和机构对自然灾害风险的内涵和表达产生了不同理解和诠释（叶金玉等，2010）。自然灾害风险取决于自然和社会因素，自然异常导致伤亡，但是灾害防范、准备及预警却可以减轻灾害伤亡。Maskrey（1989）认为风险是某一自然灾害发生后所造成的总损失，提出自然灾害风险是危险性与脆弱性之代数和。Morgan 和 Henrion（1990）认为自然灾害风险是可能受到灾害影响和损失的暴露性。联合国人道主义事务部（UNDRO，1991）于 1991 年公布了自然灾害风险的定义：自然灾害风险是在一定区域和给定时段内，由于特定的自然灾害而引起的人民生命财产和经济活动的期望损失值，即自然灾害风险表达式为危险性与脆弱性之积，此观点获得较多学者的认同，并应用于许多风险评估（Shook，1997）。之后，不同学者和研究机构相继提出一系列关于自然灾害风险的概念和表达式（尹占娥，2009；叶金玉等，2010；牛全福，2011；尚志海和刘希林，2014）（表 2-1）。

表 2-1 自然灾害风险概念及其表达式

研究机构或学者	自然灾害风险概念及其表达式
KaPlan 和 Garrick（1981）	风险既包含不确定性，也包括也许可以接受的一些损失和伤害，即自然灾害风险为不确定性和损失之和（risk＝uncertainty+damage）
UNDHA（1992）	在一定时空尺度，某一致灾因子可能导致的全部损失（死亡、受伤、财产损失、对经济的影响），可以从致灾因子和脆弱性两方面计算
Adams（1995）	一种与可能性和不利影响大小相结合的综合度量
Smith（1996）	自然灾害风险是某一灾害发生的概率，自然灾害风险是灾害概率和预期损失之积的表达式（risk＝probability×loss）

续表

研究机构或学者	自然灾害风险概念及其表达式
De La Cruz-Reyna (1996)	自然灾害风险不仅考虑致灾因子、暴露度和脆弱性，还与备灾能力息息相关，即，自然灾害风险 = (风险因子×暴露性×脆弱性) /备灾
Helm (1996); Jones 和 Boer (2003)	自然灾害风险是致灾因子发生概率和预期灾情损失之积，即自然灾害风险 = 致灾因子发生概率×灾情
Tobin 和 Montz (1997)	自然灾害风险 = 灾害发生概率 (probability) ×易损度 (vulnerability)
IUGS (1997)	自然灾害风险 = 灾害发生概率 (probability) ×结果 (consequence)
Deyl 等 (1998)	自然灾害风险是某一灾害发生的概率 (或频率) 与灾害发生后果的规模的组合。自然灾害风险是危险性与结果之积 (risk = hazard×consequence)
Hurst (1998)	自然灾害风险是对某一灾害概率与结果的描述
Stenehion (1997)	自然灾害风险是非期望时期出现灾害的概率，或某一致灾因子可能导致的灾难，需要对致灾因子脆弱性进行考虑
Crichton (1999)	自然灾害风险是灾害的损失概率，其概率取决于致灾因子、脆弱性和暴露性三个因素
Wisner 和 Tan (2000)	自然灾害风险 = 概率 (probability) ×脆弱性 (vulnerability) -减缓 (mitigation)
Downing 等 (2001)	在一定时空尺度某一致灾因子可能导致的灾损，其致灾因子是指一定时空范围发生的一个危险事件或破坏性现象
Wisner 和 Corney (2001)	自然灾害风险 = (致灾因子×脆弱性) -应对能力 (coping capacity)
United Nations (2002)	自然灾害风险 = (致灾因子×脆弱性) /恢复能力 (resilience)
史培军 (2002)	赞同 UNDRO (1991) 自然灾害风险定义，但强调脆弱性的累进对灾害发生风险的“贡献”
Okada 等 (2004)	自然灾害风险是由危险性、暴露性和脆弱性这三个因素相互作用形成的
张继权等 (2005)	自然灾害风险度 = 危险性×暴露性×脆弱性×防灾减灾能力，该观点已被引入近年多种灾害风险评估研究之中
UNISDR (2009)	自然灾害风险为一个事件发生概率和它负面结果之积，即风险 = 概率×负面后果
IPCC (2014)	灾害风险是对灾害本身 (即致灾因子)、脆弱性和暴露度共同叠加的综合考虑

上述各种“灾害风险”概念，实质上也代表了灾害风险研究的不同阶段和对灾害风险理解角度的不同。总体上，自然灾害风险可归纳为三方面：一是从风险自身角度，将灾害风险定义为一定概率条件的损失；二是从致灾因子角度，认为灾害风险是致灾因子出现的概率；三是从灾害风险系统理论定义出发，认为灾害风险是致灾因子、暴露性和脆弱性三者共同作用的结果，并考虑人类社会经济自身的脆弱性在灾害形成过程中的作用，即人类自身活动对灾害造成的“放大”或者“减缓”作用（牛全福，2011）。虽然自然灾害风险没有统一的严格定义，但其基本内涵却

是相同或相近的，即在特定地区、特定时间内因自然灾变所造成的人员伤亡、财产破坏和经济活动中断的预期损失（Wilson and Crouch，1987），这种损失是一种可能状态，这种状态可能发生，可能不发生，也可能部分发生，其损失可能是期望值，也可能是部分值。

总体而言，不确定性、非利性、复杂性是自然灾害风险的主要特征，其不确定性包含灾害发生与否的不确定性，灾害发生时间、地点的不确定性，灾害造成不利影响的不确定性。从系统论角度看，自然灾害风险系统首先需存在风险源（致灾因子），即存在自然灾变，其次需有风险承灾体，即经济社会系统。自然灾害风险评估是指通过风险分析的手段或观察外表法，对尚未发生的自然灾害的致灾因子强度、受灾程度进行评定和估计（黄崇福，2005）。20 世纪 30 年代以来，自然灾害风险评价在经济、社会、管理和环境科学等学科领域得到了不同程度的发展，其风险评估也逐步将自然灾害成因机理及统计分析与经济社会条件分析紧密结合起来，同时也由定性评价逐步向半定量和定量评价转变，且取得了丰硕的成果（史培军，2002；葛全胜等，2008；Zhou et al.，2009；马宗晋，2010）。

二、国内外自然灾害风险研究计划进展

风险意味着自然事件损害的可能性（Giardini et al.，1999）。自然灾害作为重要的损害之源，一直是各级政府、不同风险研究机构的重点关注对象。20 世纪 80 年代，全球气候变化研究升温，各国和研究团体开始关注自然灾害风险管理。1980 年，国际上成立了国际风险分析协会（Society for Risk Analysis，SRA），开始关注和开展自然灾害风险分析、风险管理与政策研究（Goldstein，2003）。80 年代以来，作为防灾减灾的一个重要环节，国际上各种自然灾害风险评价得到社会的空前重视。1987 年，第 42 届联合国大会将 1990 ~ 2000 年定为“国际减轻自然灾害十年”（IDNDR），旨在把人类的消极救灾活动转变为积极的防灾、抗灾和救灾活动。1989 年，联合国大会通过了“国际减轻自然灾害十年”的国际行动框架（A/RES/44/236）。1994 年，联合国世界减灾大会《横滨战略及其行动计划》提出了建立更为安全的预防、防备和减轻自然灾害的行动纲领，并为会员国制订了防灾、备灾、减灾战略（叶金玉等，2010）。1999 年，“国际全球环境变化的人文因素计划”（IHDP）开始关注全球环境变化与人类安全综合研究，且极为重视自然灾害研究工

作（孙成权等，2003）。

进入 21 世纪，自然灾害风险评估及风险管理研究与实践进入了快速发展阶段。2000 年，联合国国际减灾战略（United Nations International Strategy for Disaster Reduction，UNISDR）成立，该组织是由 168 个国家和地区、联合国机构、民间社会组织、科学研究机构等共同参与的全球性机构，旨在减少因自然灾害引发的巨大伤亡（苏薇，2012）。2004 年，国际风险管理理事会（International Risk Governance Council，IRGC）在瑞士日内瓦正式成立。2004 年，国际风险管理理事会在综合风险管理框架基础上，提出了风险预评估、风险评估、风险管理、风险沟通、可接受水平判断 5 个分析程序，并强调风险管理中应加大对风险沟通地位的认识（IRGC，2005）。

伴随着世界自然事件和灾害频率、危害的逐渐增加及国际上对自然灾害的关注，2005 年，联合国在日本神户市兵库县召开了第二届世界减灾大会，大会一致通过了《兵库行动框架》（*The Hyogo Framework for Action*，HFA），该框架是一个未来十年减小灾害风险的全球性蓝图，旨在寻求各国和地区截至 2015 年在生命、经济社会及环境资产方面实质性地减小灾害损失的措施。《兵库行动框架》确立了全球减灾工作战略目标和五个行动重点，具体行动重点包括：①确保减灾成为各国政府部门工作重心之一；②识别、评估和监测灾害风险，提高早期预警能力；③营造注重安全和抗灾文化；④减少潜在灾害危险因素；⑤增强备灾能力，确保对灾害作出有效反应（李继业，2010）。第 60 届联合国大会通过了国际减少灾害战略决议，决议更加强调和重视减少综合灾害风险（United Nations，2005）。2007 年，ProVention 联盟和联合国开发计划署联合发起“全球风险识别计划”（Global Risk Identification Program，GRIP）国际计划，该计划是第二届世界减灾大会《兵库行动框架》灾害风险识别优先领域的一个重要性学术平台，其目的在于系统评估、识别和分析灾害风险与灾损信息。该计划亦被联合国国际减灾战略采用，并用于识别和监控灾害风险。2008 年，国际科学理事会（International Council for Science，ICSU）正式成立“灾害风险综合研究科学计划”（Integrated Research on Disaster Risk，IRDR）（尚志海和刘希林，2014），该研究计划关注自然和人为的环境灾害风险，其目标是对致灾因子、脆弱性和风险的理解，即风险源识别、致灾因子预报、风险评估和风险的动态模拟等，该计划还强调灾害影响的全球性、社会-人文因素在灾害风险形成中的作用、全球变化对灾害风险形成的作用等（国际上重要的自然灾害风险分析与管理机构见附录一)。

2015 年，第三次联合国世界减灾大会在日本仙台市召开，会议重点强调防灾减灾是实现全球可持续发展的世界性重要里程碑，加强防灾意识极为必要，特别地，加强早期预警预报系统建设等减灾措施和对策，可避免更多伤亡和减少更多经济损失（李杰飞等，2015)。本届会议正式通过《2015—2030 年仙台减少灾害风险框架》。自 2005 年《兵库行动框架》通过以来，各国在减少灾害风险方面进展显著，死亡率有所下降。本次会议强调未来减小灾害风险须以《兵库行动框架》为基础，以大幅减少生命损失，降低灾害对全球人类经济社会系统造成的损失（李杰飞等，2015)。一方面，需要防止产生新的灾害风险和降低现有的灾害风险；另一方面，要制订出适合世界各地区的经济、法律、社会、卫生、文化、环境、技术、政治和体制措施，减轻伤害，降低损失。

以上一系列国际灾害风险计划的启动与实施，有力地推动了自然灾害研究不断深入。

三、国内外自然灾害风险评估研究述评

20 世纪初，国外自然灾害风险评估研究工作起步，随着保险业的快速发展，灾害研究得以不断深入（葛全胜等，2008)。30 年代，美国田纳西河流域管理局率先探讨了洪水灾害风险分析和评价的理论与方法，开创了自然灾害风险评价之先河。20 世纪后半叶，灾害风险和风险管理开始在社会学、管理学、经济学、环境科学等领域得到不同程度的发展，特别是在单灾种成因机理、评估方法方面，研究学者做了比较系统的研究和总结，同时在多灾种风险评估方面也进行了探索性研究 (Button et al，1993；Alexander，2000；Morgan et al.，2002；Haimes，2004；ISDR，2004；Linnerooth-Bayer et al.，2005；Bunting et al.，2007；Renn，2008；ICSU，2008)。例如，70 年代，美国地质调查局与住房和城市发展部的政策发展与研究办公室联合研制预测模型，对美国县域尺度进行了 9 种自然灾害期望损失估算（马寅生等，2004)。90 年代以后，美国联邦应急管理局（FEMA）和国家建筑科学院 (NIBS) 共同研制出了地震、洪水、飓风三种自然灾害危险性案件评估系统。2002 年，德国慕尼黑再保险公司利用灾害指标风险评估法对全球 50 个最大的城市或城市群的地震、台风、洪水、火山喷发、森林火灾和寒害多灾种经济损失（用历史经

济损失指标衡量致灾因子危险性）风险进行了评估（Munich Re，2002）。2006 年，欧洲空间规划观测网络（ESPON）规划项目利用综合风险评估法（multi-risk assessment）对欧盟 27 个成员国外加挪威和瑞典雪崩、地震、洪水、核事故等 15 种自然和人为致灾因子进行风险评估，将多致灾因子危险度图和脆弱性区划图两者采用等级矩阵法进行加和得出了最终的多灾种综合风险区划图（Schmidt-Thom，2006）。2013 年，ESPON 规划项目利用该方法对欧洲各国水文气象灾害、地质灾害暴露性、欧洲区敏感性与响应、自然灾害及具体区域脆弱性风险进行了评估，并提出和建立了集统筹气候变化与自然灾害于一体的适应与减缓策略及其综合风险管理体系（ESPON，2013）。同期，其他一些国家相继开展了洪水、海啸、地震、泥石流、滑坡等自然灾害风险评估（葛全胜等，2008）。相对而言，中国自然灾害风险评估研究起步较晚。20 世纪 70 年代以前，中国自然灾害风险评估以自然事件本身的危险性评估为主，同时也涉及自然灾害损失评估，但大多未能将自然事件与经济社会系统有机结合（周寅康，1995）。这一阶段主要是进行自然灾害灾变强度、发生频次及空间分布与发展规律的研究。70 年代后，GIS 技术开始应用于自然灾害研究，同时，承灾体脆弱性评估也被纳入灾害风险研究。自 90 年代中国参与“国际减轻自然灾害十年”以后，地质灾害风险评价思想体系从国外引入，学者开始重视地质灾害社会属性，其研究得到了重视。

自然灾害风险评估最主要的步骤是对其灾害风险系统和灾害发生机理的科学理解。风险分析方法种类较多，灾害类型不同，风险分析方法各有侧重。因此，灾害风险分析需要研究各种方法的适用性，对分析方法进行优化选择。目前，自然灾害风险分析、评估、管理尚无统一的技术规范和评估方法，大部分都是根据不同灾种成灾机理和灾害特征提出适合于特定灾种的评估方法（表 2-2）。其中，基于情景模拟的分析方法精度较高，较适合微观空间尺度的研究。基于期望损失的分析方法在实际应用中较易操作，多用于中观空间尺度的研究。当自然灾害具备较长时间统计资料时，可以选择风险概率模型，该方法侧重宏观空间尺度。在自然灾害风险研究进程中，需要统筹考虑自然事件与承灾区经济社会系统防灾减灾能力，仅以自然灾害定量风险评价的相对值远不能满足当前防灾减灾规划的现实要求。自然灾害期望损失值的货币化数值表达已成为当前时代需要和风险科学研究必然阶段。当前，灾害风险绝对值计算和模拟研究工作重要性开始显现（王宝华等，2007；尚志海和刘希林，2010；施伟华等，2012；刘希林和尚志海，2014）。

表 2-2　自然灾害风险评估方法综合比较

评估方法	原理或依据	优劣势分析	参考文献
概率统计	灾害随机不确定性较大时，运用历史监测的样本估计灾害发生概率，统计方法如经验贝叶斯估计、区间估计、极大似然估计等	样本越大，与实际状况越吻合。所需灾情数据往往较难获取	许飞琼（1998）；Kim（2001）；黄崇福（2011）
多因子加权评价法（指数法）	根据研究区域和研究灾种选择影响因子，建立评估指标体系，利用主成分分析、层次分析法、灰色关联度分析法、模糊综合评价法等数理模型来对各指标进行赋权，并通过一定函数关系加以聚合并评价其灾害风险	风险考虑周全，综合性强，适于综合评价，但其指标进行赋权侧重客观性、定量化较弱	Lozoya 等（2011）；Kappes 等（2012）；Yin 等（2013）
模糊数学	利用模糊变换原理，构建模糊子集，判断已选灾害风险指标的隶属度，最后综合各指标以反映风险度	能较好地分析模糊随机性的问题，但其多指标选择存在一定主观性	刘合香和徐庆娟（2007）；Feng 和 Luo（2009）；Sen（2011）
数据包络分析	灾害“投入-产出比”运行效率的评价模型，定量化描述自然灾害发生过程。其中，灾害产生是区域灾害系统运行的结果，也可作为一个“投入-产出”系统，灾情或灾损作为产出因素，而致灾因子、孕灾环境和承灾体可看作灾害系统的输入因素	不需要预先估计参数，能够一定程度上避免主观干扰，并能简化运算，减少误差。缺点是数据处理结果不稳定，同类结果可比性较差	刘毅等，（2010）；刘希林和尚志海，（2014）
信息扩散	为弥补信息不足，对灾害事件样本进行集值化的模糊数学处理方法，即对一个给定的不完备的样本可扩散作为一个模糊集	在扩散函数形式、扩散系数选取、针对不同灾害的实际应用等方面存在一定问题	齐鹏等（2010）；Li 等（2012）；Liu 等（2014）；Hao 等（2014）
灰色系统	利用部分已知信息，提取有用信息，实现对自然灾害形成、演化规律的较为准确的描述和管控，该方法主要用于洪涝、热带气旋等灾害	计算过程简便快捷，适用于信息数据不充分、不完备的情况	张星等（2007）；姚俊英等（2012）；Liu 和 Zhang（2012）

续表

评估方法	原理或依据	优劣势分析	参考文献
人工神经网络	将若干活动规律相同的神经元按一定方法组成网络结构，网络通过对给定样本函数自学习，以一组权重形式形成网络的稳定状态，从而实现对知识的存储和记忆。将评价单元指标值输入网络进行训练，然后将其余单元的指标值输入训练后的神经网络进行仿真	神经网络可自动调节连接权值。赋权具有一定客观性，但也存在因收敛速度慢而导致训练结果存在一定差异。总体上，客观性较强，可靠性较高。缺点是对样本要求很高	成玉祥等（2008）；李绍飞等（2008）；Wu 等（2008）；Pradhan 和 Lee（2010）；金有杰（2013）；Park 等（2013）
回归分析	确定两种或两种以上变量间相互依赖的定量关系的一种统计分析方法。基于观测数据建立变量间适当的依赖关系，以分析数据内在规律，并可用于灾害预报与风险控制等问题	回归的前提是确定变量之间是否存在相关关系，回归分析一般需要的样本量比较大	Tachiiri 等（2008）；Lee 和 Pradhan（2007）；Pradhan 和 Lee（2007）
图层叠加	选择可以空间表达的风险指标，形成图层，通过栅格计算方法，对灾害风险进行加权叠加计算，最后直接以二维或三维图像形式输出	形象直观，易于理解，但需集成其他方法才能达到较好效果。劣势是受制于信息处理技术与遥感数据的分辨率	胡宝清等（2006）；Rahman 等（2009）；牛海燕等，（2011）；薛晓萍等，（2012）；Othman 等（2012）
情景模拟法	利用不同概率不同灾种事件强度参数来模拟灾害情境的方法，该方法可以确定受灾区内主要承灾体，估算其灾损价值。该方法能以较高精度反映灾害事件时空影响范围及受灾区受灾程度	该方法需要大量历史灾情、灾害地理背景数据，资料要求较高，适用于微观尺度自然灾害风险分析	刘敏等（2012）；Wang 等（2013）；刘希林和尚志海（2014）

四、国内外多灾种自然灾害综合风险管理研究述评

自然灾害具有不均匀性、多样性、差异性、随机性、突发性、迟缓性、重现性以及无序性等复杂特点。自然灾害系统是不可逆的复杂动态开放系统，它以环境为外因引发自然灾害系统内部结构的变异及对外的一系列复杂响应行为。自然灾害的

复杂性可以从自然灾害系统的角度出发，探讨其多灾种和演化上的复杂性。近年来，已有不少学者提出要关注多灾种风险的评估问题（范海军等，2006；史培军，2009；巫丽芸等，2014）。一些生态脆弱、环境敏感、人类活动频繁的区域，往往受多种致灾因子影响，各影响因子相互影响，相互促发，进而构成灾害群、灾害链，对区域社会经济系统可持续发展威胁极大。因此，亟须在区域尺度上开展多致灾因子、多承灾体风险的综合分析，进而通过综合风险评估，形成区域灾害综合风险区划图，以指导区域灾害风险管理和防灾减灾规划的有效实施。目前，区域多灾种综合研究实践并不多，针对区域多灾种综合方法模型的研究应该是灾害风险评估的重要内容之一。

多灾种风险评估是风险和灾害研究领域关注的热点问题。国外灾害风险研究始于20世纪前半叶，以30年代美国田纳西河流域洪水灾害风险研究为代表，并于50年代在管理学、经济学、社会学等领域得到了不同程度的发展，70年代后，将灾害机理及灾情统计与经济社会条件分析紧密结合。国内灾害风险研究起步较晚，始于20世纪80年代，之后在地震、洪涝和干旱等主要灾害风险评估理论、方法等方面得到了快速发展。进入21世纪，国内外学术界才将“多灾种自然灾害综合风险评估”同步提上议事日程，且呈现以下三方面趋向。在风险评估目标上，经历了由“单灾种”风险评估向“多灾种、多承险体”风险评估转变的研究趋势。在风险评估内涵上，因对灾害机理认知不同，其风险内涵表达方式各异，目前趋于认为自然灾害风险是危险性与易损性，或危险性、暴露性、脆弱性与防灾减灾能力共同作用的结果。在风险研究方法上，则经历了从野外观测向遥感、空间信息技术与野外观测相结合、从历史与现状分析向预测与研究相结合、从定性分析向定量研究转变、从单项要素分析向综合要素评价转变的一个发展历程。同时，风险评价方法也由传统的成因机理分析和统计分析向多种评价方法相结合发展（张继权，2005；Birkmann et al.，2006；高庆华等，2007；葛全胜等，2008；史培军，2011；黄崇福，2011；Donald and David，2013）。

总体上，国内外多灾种自然灾害综合风险评估与管理研究尚处于前期发展阶段。因不同地域不同灾种各致险因素关联性较为复杂，以及承灾体呈现出的综合脆弱性特征，多灾种综合风险评估与管理研究难度加大，研究成果较少，且存在以下不足：在评估单元上，多以基于矢量数据的国家、省域、市县尺度作为基本评估单元，或以基于栅格数据的栅格作为基本单元，而较少兼顾评估精度和灾害风险行政管理两方面；在研究内容上，多集中于大概率、大风险、高死亡率的地震、飓风、火山喷发、海啸、洪涝等自然灾害，较少涉及与青藏高原密切相关的冰湖溃决、冰雪洪水、雪崩、风吹雪、雪灾、冻融、沙化等小概率、低死亡率自然灾害；在研究方法上，多集中于自然灾害风险评估的自然科学基础研究，而较少统筹自然科学基础研究与社会科学应用研究相结合的广义的多灾种自然灾害综合风险评估与管理体系研究。以上问题，不仅是该书的关注焦点，也是拟解决的关键性科学问题。

多灾种自然灾害与其他气候变化、社会、经济问题交叉、重叠，其研究超越了许多传统的单灾种研究范畴，常规的单灾种风险管理方法已不足以对其进行有效防范和管理，其综合风险管理正日益成为国际风险领域新的发展方向。自然灾害风险评估不能仅以定量科学测量为目标，还应综合考虑社会风险认知及其放大因素的影响，即还需强调风险管理的社会背景因素。目前，比较成熟且具有代表性的综合风险管理体系是 2003 年国际风险管理理事会（IRGC）针对全球性、系统性、复杂性和不确定性的风险问题构建的综合风险管理体系，其目的在于开发一个综合的、完整的和结构化的方法来研究风险问题、风险防范程序，为形成综合性评估和管理策略提供指导以应对风险。该研究计划综合了科学、经济、社会和文化等诸多方面，且包括了利益相关者的有效参与，框架将综合风险管理划分为三个阶段：预评估、评估及管理。该研究计划一是强调从风险管理转移到风险防范；二是强调“综合”分析和对策的制订，从而实现对可能出现的全球风险提出防范措施。2008 年，国际科学理事会、国际社会科学理事会和联合国国际减灾战略秘书处联合主导的“灾害风险综合研究计划”（Integrated Research on Disaster Risk，IRDR）启动，从而形成了当今世界综合灾害风险防范研究的两大国际计划，该两大国际研究计划中国科学家均有参与（Renn，2008；吴绍洪等，2011）。

多灾种自然灾害综合风险研究主要有：联合国开发计划署研究的灾害风险指数（disaster risk index，DRI）选择地震、热带气旋、洪水和干旱为研究对象（Abchir et al.，2003）；全球风险热点地区研究计划（the hotspots projects）选取洪水、龙卷风、干旱、地震、滑坡和火山六种主要灾害进行研究（Pelling，2004；Dilley et al.，2005）；灾害风险管理指标系统（system of indicators for disaster risk management）选择飓风、洪水、地震、火山作为对象展开研究（Cardona et al.，2005）；Lozoya 等（2011）在评价西班牙地中海海岸带综合灾害风险时，分别对暴风雨引起的侵蚀、暴风雨带来的洪水、长期侵蚀、河流洪灾、水母泛滥、污染、人类破坏七种灾害进行分析；Kappes 等（2012）对地震、滑坡、洪水、暴风对建筑物的潜在风险进行评估等。但多灾种自然灾害综合风险研究仍然十分薄弱。多灾种自然灾害综合风险评估的主要挑战在于它不仅要考虑多种致灾因子的可能影响，还必须综合分析不同灾害下不同系统的易损性。

五、中国防灾减灾战略

中国近 60 年来，中央和地方政府为防灾减灾，建立了一系列相关政策与法律法规，形成了较为完善的防灾减灾、救灾、恢复重建的灾害风险及灾害管理体系。中华人民共和国成立初期，中国自然灾害管理体制初步建立，60 ~ 70 年代因“三年自然灾害”和唐山大地震，自然灾害管理体制缓步发展，80 年代自然灾害管理体制得以完善，其研究渐趋深入，之后，自然灾害管理日趋完善（葛全胜等，2008）。

第 42 届联合国大会在 1987 年 12 月 11 日通过第 169 号决议，决定将 1990 ~ 2000 年的 10 年定名为“国际减轻自然灾害十年”，旨在通过国际上的一致行动，将当今世界上，尤其是发展中国家由于自然灾害造成的人民生命财产损失、社会和经济发展的停顿减轻到最低程度。为推动“国际减轻自然灾害十年”活动，1990 年国家科学技术委员会（简称国家科委）成立了全国重大自然灾害综合研究组（后更名为国家科委、国家计委、国家经贸委自然灾害综合研究组），在国家科委、国家计划委员会（简称国家计委）、国家经济贸易委员会（简称国家经贸委）和中国地震局、中国气象局、国家海洋局、水利部、地矿部、农业部、林业部、民政部等部门专家共同支持下，研究组对中国各类重大自然灾害进行了全面的综合调查研究，涉及单类及综合灾情调查、灾害评估、灾害区划、灾害经济、灾害社会、灾害预测、灾害应急、灾害预防、抗灾救灾、灾后重建、灾害信息、减灾示范、灾害保险、成灾机理、减灾对策等方面，对中国综合减灾起了重要的开创作用和推动作用（马宗晋和高庆华，2010）。2000 年，对中国区域减灾能力进行了宏观评估。2005 年，首次对中国减灾基础能力、监测预警能力、防灾抗灾能力、救灾重建能力进行了调查与综合评价，编写了《中国基础减灾能力区域分析》《中国洪水灾后重建问题和需求及对策》《自然灾害评估》等论著。依据区域减灾基础能力与受灾程度、减灾有效度、灾害深度的对比，对区域减灾基础能力增长需求度进行了分析与分级评估（马宗晋和高庆华，2010）。进入 21 世纪之后，中国政府高度重视自然灾害的防御和灾害的恢复工作，先后发射了风云系列卫星，遥感、雷达、GIS 等新兴技术在防灾科技中的应用，为国家防灾减灾体系提供了技术支持（中国地理学会，2009）。另外，全国建立了 3 万多个气象观测站，并加强了对天气气候灾害人员预报预测能力的培养。在台风、暴风雨（雪）、沙尘暴、高温热浪等气象灾害来临之前能够准确地进行预测和预报，使人们能做好防灾减灾的应对准备。

“十一五”期间，在全球气候变化背景下，南方低温雨雪冰冻、汶川地震、玉树地震、舟曲泥石流等特大灾害接连发生，严重洪涝、干旱和地质灾害以及台风、冰雹、高温热浪、海冰、雪灾、森林火灾等灾害多发并发，给经济社会发展带来严重影响。“十二五”时期，自然灾害时空分布、损失程度和影响深度广度出现新变化，各类灾害的突发性、异常性、难以预见性日益突出，其灾害风险日趋严重，特别是在青藏高原地区，经济社会发展相对滞后，当地居民抵御自然灾害能力较弱《国家综合防灾减灾规划（2011—2015 年）》。作为世界上遭受自然灾害影响最严重的国家之一，“十二五”时期，我国在应对芦山地震、云南鲁甸地震等自然灾害过程中，不断探索防灾减灾救灾新机制。与“十一五”时期历年平均值相比，“十二五”期间因灾死亡失踪人口、紧急转移安置人口、倒塌房屋数量分别下降 93%、45%、81%，防灾减灾成效显著。“十二五”时期，全国 27 个省（自治区）成立省级减灾委员会，90% 以上的市、82% 以上的县成立了减灾委员会或综合减灾协调机构《国家综合防灾减灾规划（2011—2015 年）》。多部门救灾应急联动机制、灾情会商和信息共享机制进一步健全。“十二五”时期，我国防灾减灾救灾体制机制建设进展顺利，人员装备和基础能力提升，市场机制和社会力量显著增强，人员伤亡和财产损失大幅度减轻，受灾群众基本生活得到有效保障。“十三五”时期，我国自然灾害仍处易发频发：地震活动呈活跃状态，西部地区仍然处于 7 级以上强震多发时期，东部地区存在发生 6 级以上地震的可能；受全球气候变化影响，我国极端天气气候事件的发生次数继续增多；城市内涝、台风等灾害的发生更为频繁。可以说，我国减灾救灾任务依然繁重。

第三章 青藏高原自然灾害孕灾环境时空特征

一、区位交通

青藏高原是地球上最高的高原（Qin et al., 2014），主体部分在青海和西藏，高原由此得名。我国境内的青藏高原区地域辽阔，西起帕米尔高原，东接秦岭，南自东喜马拉雅山脉南麓，北迄祁连山西段北麓，面积约 $250\times10^4km^2$。张镱锂等（2014）从地理学角度，应用技术方法对青藏高原范围进行了划定，得出青藏高原在我国境内部分西起帕米尔高原，东至横断山脉，南自喜马拉雅山脉南缘，北迄昆仑山祁连山北侧，范围为 25°59′37″N～39°49′33″N，73°29′56″E～104°40′20″E，边界总长度为 11 745. 96km，面积为 $254.23\times10^4km^2$（图 3-1）。青藏高原地表以发育大面积冰冻圈为主要特征，是中、低纬度地区冰川、积雪最发育的地区。冰川面积达 59 425km^2，占全球中、低纬度冰川面积的 50% 以上，冬季积雪相当于 $740\times10^8m^3$ 水量（秦大河等，2006）。我国西部冰川分布区是亚洲 10 条大江大河（长江、黄河、塔里木河、怒江、澜沧江、伊犁河、额尔齐斯河、雅鲁藏布江、印度河和恒河）的水资源形成区，通过冰川和积雪的冻融变化，调节着西部的江河径流。高原冰冻圈还是维系我国西部高寒和干旱区生态系统稳定的基本保障，冰冻圈变化对我国西部生态安全的影响研究是制订科学的生态保护与治理对策的迫切需要。

在行政区划上，青藏高原范围涉及 6 个省（自治区）、201 个县（市），包括西藏自治区（错那县、墨脱县和察隅县等县仅包括少部分地区）和青海省（部分县仅含局部地区），云南省西北部迪庆藏族自治州，四川省西部甘孜藏族自治州和阿坝藏族羌族自治州、木里藏族自治县，甘肃省的甘南藏族自治州、天祝藏族自治县、肃南裕固族自治县、肃北蒙古族自治县、阿克塞哈萨克族自治县以及新疆维吾尔自治区南缘巴音郭楞蒙古自治州、和田地区、喀什地区以及克孜勒苏柯尔克孜自治州等的部分地区。本书兼顾青藏高原地形地貌单元和行政区划的相对完整性，故

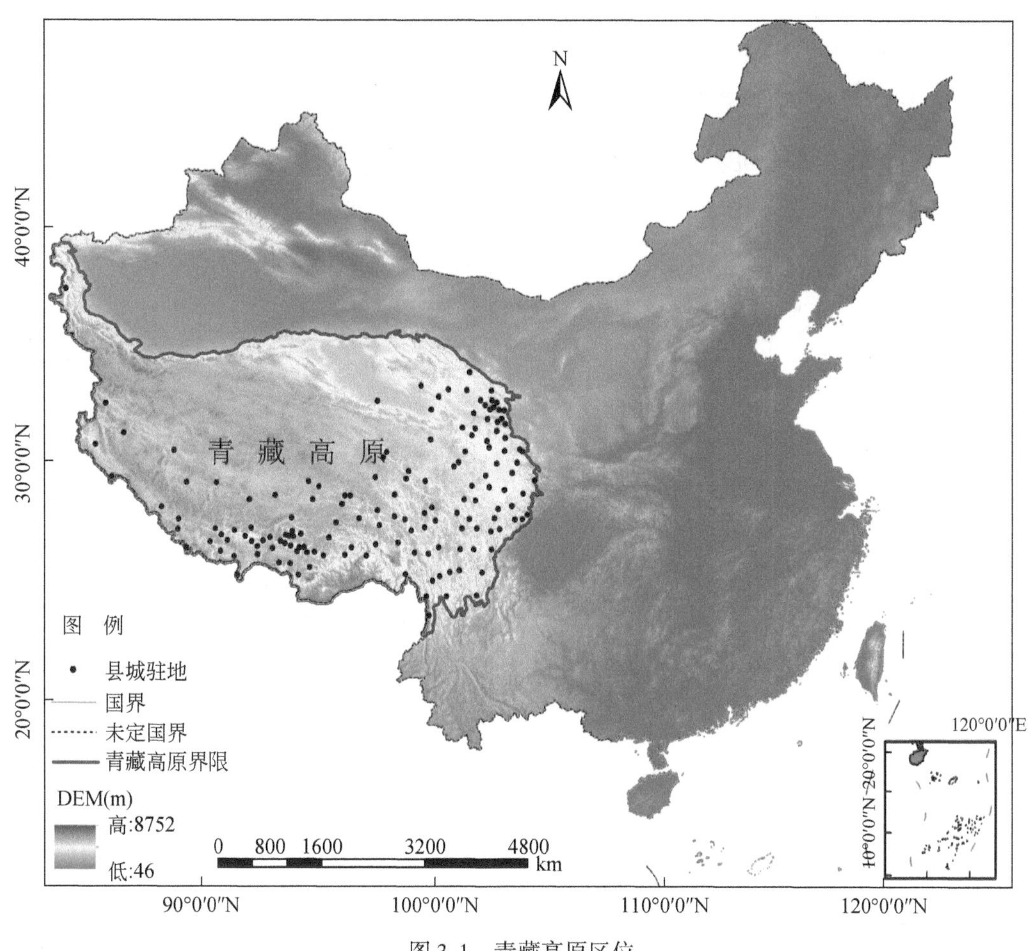

图 3-1 青藏高原区位

主要涉及青海省、西藏自治区、四川省甘孜藏族自治州和阿坝藏族羌族自治州、甘肃省甘南藏族自治州（付伟，2014）。由于青藏高原特殊的地理环境和地理位置，交通运输对青藏高原防灾减灾乃至经济社会持续发展的制约作用比较突出。自 20 世纪 60 年代以来，交通运输主要靠新藏、青藏、川藏公路骨干线维系，各城镇与支线、支线与骨干线交通联系极为困难。青藏高原地区公路运输网密度为 1.82km/km^2，仅相当于全国平均水平的 15%（金凤君和刘毅，2000）。同时，交通运输方式比较单一。2006 年，青藏铁路西宁至拉萨段通车。截至 2010 年，西藏自治区公路通车总里程达 58 249km，青海省公路通车总里程达 62 185km（西藏自治区发展和改革委员会，2012；张守成，2012）（图 3-2）。2014 年，青藏铁路重要支线拉萨至日喀则铁路开通运营。青藏铁路纵贯青海、西藏，是沟通青藏高原与内地联系的具有战略意义的通道。然而，当前除部分地区有铁路和航空外，大部分地区的经济发展基本依赖于公路运输方式，铁路仅联系青藏高原的极少部分地区。青藏高原现代交通体系尚未完善，基础设施总量不足，各种运输方式未能有效衔接，防灾减灾仍然受交通网络限制。青藏高原边缘地带以及西藏一江两河地带是人口、路网、农田、基建等承灾体分布最为密集的区域，这为多灾种自然灾害频发埋下了隐患。

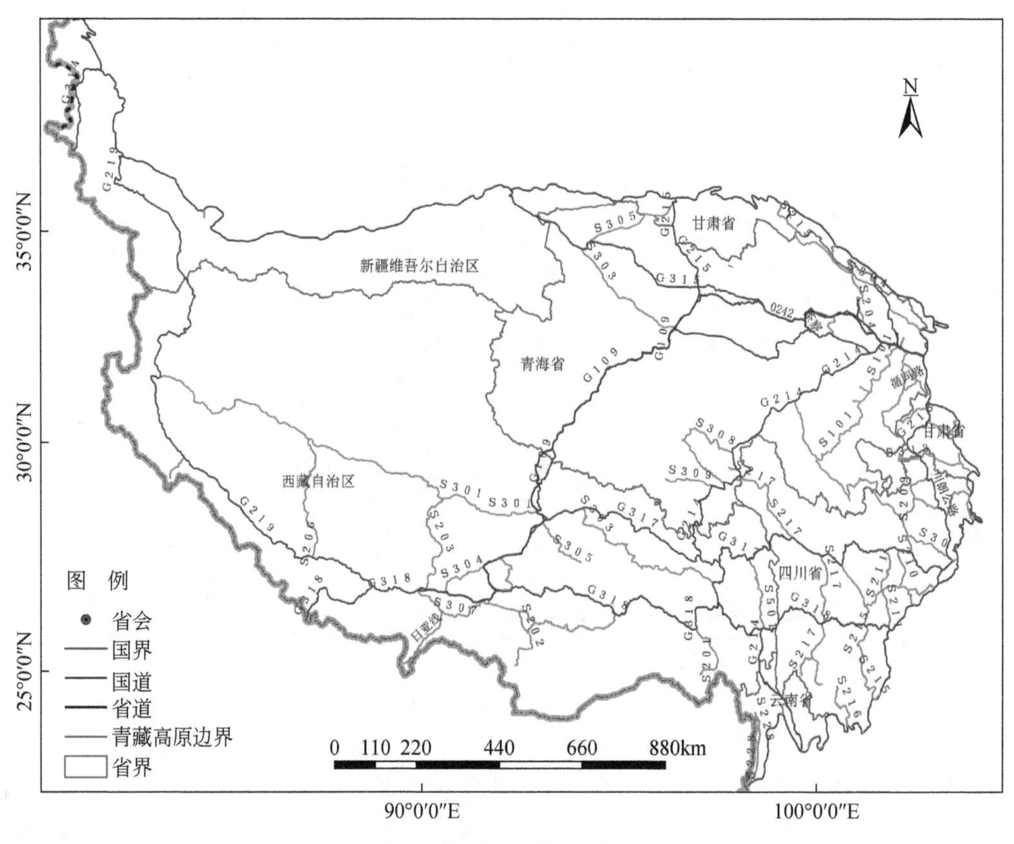

图 3-2　青藏高原交通网络

二、自然地理环境

（一）地形地貌

青藏高原属中国第一、二级阶梯，地域辽阔，占中国总面积的 1/4 多。受山脉的分隔，高原内部形成了不同的地貌组合。喜马拉雅山脉、冈底斯山脉、念青唐古拉山脉、唐古拉山脉、横断山脉、昆仑山脉、喀喇昆仑山脉、祁连山脉横贯其中。这些极高山或高山大都自东西或西北西向东南走向，其间分布有柴达木盆地、青海湖盆地、雅鲁藏布江河谷、藏南山原湖盆谷等。其中，地球上最高的喜马拉雅山脉自西北向东南延伸，呈向南突出的弧形展布在青藏高原的南缘，与印度及尼泊尔和不丹毗邻（张继承，2008）。喜马拉雅山脉高山区终年积雪，平均海拔超过 6000m。喜马拉雅山脉以北为雅鲁藏布江河谷。河谷以北，群山蔚起，海拔大都在 6000m 左右，总称为冈底斯山脉。冈底斯山脉向东延至拉萨以北的念青唐古拉山脉，念青唐古拉山脉横贯西藏中东部，为冈底斯山脉向东的延续。青藏高原的极高地势也造就了该区人类聚居的高海拔特性。例如，西藏山南地区朗卡子县普玛江塘乡政府所在地海拔就在 5373m。冈底斯山脉以北为羌塘高原，多为牧草稀疏的寒漠区。羌塘高原以北是昆仑山脉，昆仑山脉是中国西部山系的主干，西起帕米尔高原东部，横贯新疆、西藏，伸延至青海境内，全长约 2500km。昆仑山脉以北为柴达木盆地，柴达木盆地位于昆仑山脉、阿尔金山脉、祁连山脉之间，是中国海拔最高的巨型内陆盆地，面积超 20 万 km^2，居全国第三位。盆地海拔 2600 ~ 3000m，南北湿润气流被层层高山阻隔，气候干燥，风蚀和风积作用显著。盆地地势四周高而中间低，西部略高于东部。从盆地边缘至中心依次分布着戈壁、丘陵、平原、盐沼及盐湖。青藏高原东北缘是祁连山脉，祁连山脉由一组平行排列的褶皱–断块山脉组成，呈西北–西南走向。青藏高原东南部经由横断山脉连接邻国缅甸和中国云南高原，并且与亚热带湿润的四川盆地比邻，其范围以哈巴雪山、大雪山、夹金山、邛崃山脉及岷山山脉的南麓和东麓为界，包括大渡河与伊洛瓦底江上游间的所有山岭和河川，如邛崃山脉、大雪山、沙鲁里山、宁静山、怒山、高黎贡山等山脉，以及大渡河、雅砻江、金沙江、澜沧江、怒江等河谷，平均海拔 4000m，具有独特的高山峡谷地貌（中国科学院自然区划工作委员会，1959；苏大学，1994；李吉均和苏珍，1996；尤联元和杨景春，2013）。

（二）气象气候条件

青藏高原东西长两千多公里，南北宽一千多公里，平均海拔高度约 4000m，约占对流层的三分之一。高山地区气候变暖更快的最显著证据来自青藏高原。自 20 世纪 60 年代以来，青藏高原地区气候经历了显著变暖的过程。青藏高原及其周边 139 个气象站地面气温观测数据分析结果显示：1961 ~ 2012 年 2000m 以上的青藏高原地区年平均气温的线性增温率为 0.316℃/10a，明显高于同期全球平均增温率 0.2℃/10a，而美国国家航空和航天局观测的 2001 ~ 2012 年全球年平均地面气温升温速率仅为 0.077℃/10a，显示出进入 21 世纪，全球变暖的步伐趋缓。但是青藏高原地区却经历了持续且更显著的变暖，而且气候变暖表现出明显的海拔依赖性（Mountain Research Initiative EDW Working Group，2015）。1981 ~ 2006 年青藏高原降水则呈现出较为明显的年际波动性。

总体来看，青藏高原的总降水量趋于增加，其平均增加值为 0.8305mm/a（R^2=0.0411）。青藏高原年降水主要集中在春、夏、秋三季，冬季的降水较少。从青藏高原各个季节降水的分布可以看出，在春、夏、秋三个季节中，夏季（6 ~ 8 月）降水较为集中，占年降水总量的一半以上。从近年各个季节降水的趋势来看（图 3-3），春季和夏季的降水量有增加的趋势，年增长率分别为 0.5258mm 和 0.4441mm，而秋季和冬季的降水量有减少的趋势，年增长率分别为 -0.1187mm 和 -0.0214mm，表现出略微减少的趋势。青藏高原内部气候变化具有明显的季节和时间差异，高原地区冬季是气温增暖最快的季节，1961 ~ 2010 年的增温率达到 0.474℃/10a，冬季的最大增温率为 0.668℃/10a，海拔位于 3.5 ~ 4km。增温速率最小的是夏季，平均温度增长率为 0.242℃/10a，而 1961 ~ 2010 年平均温度增长率为 0.318℃/10a。其次为春季和秋季。其中，随温度上升，青藏高原东部和东北部降雪呈减少趋势，而中部和西部降雪却呈现增加趋势。1961 ~ 1990 年和 1971 ~ 2000 年高原降雪以减少趋势为

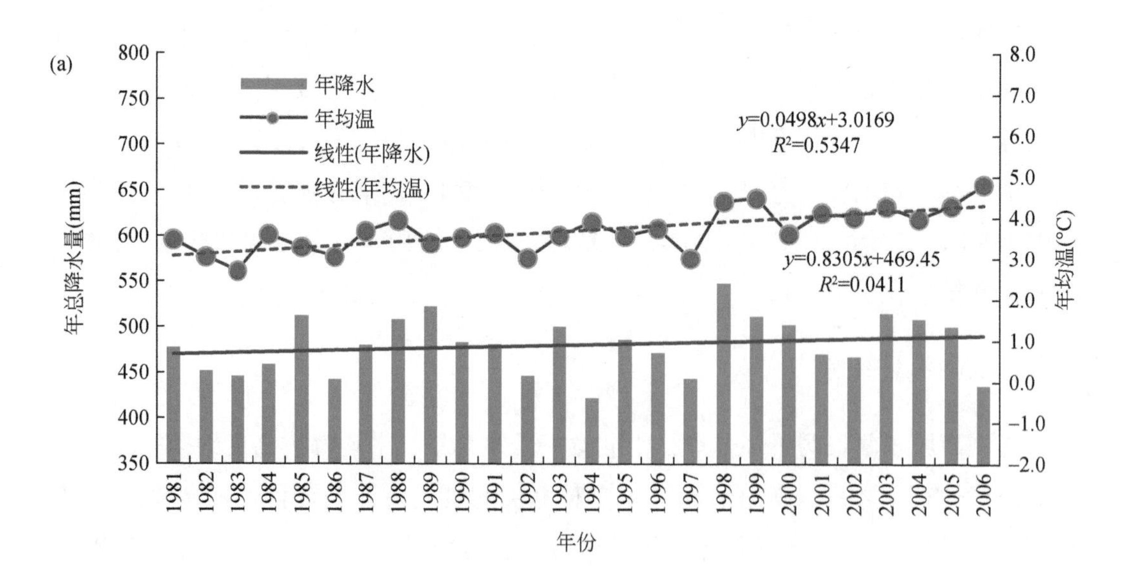

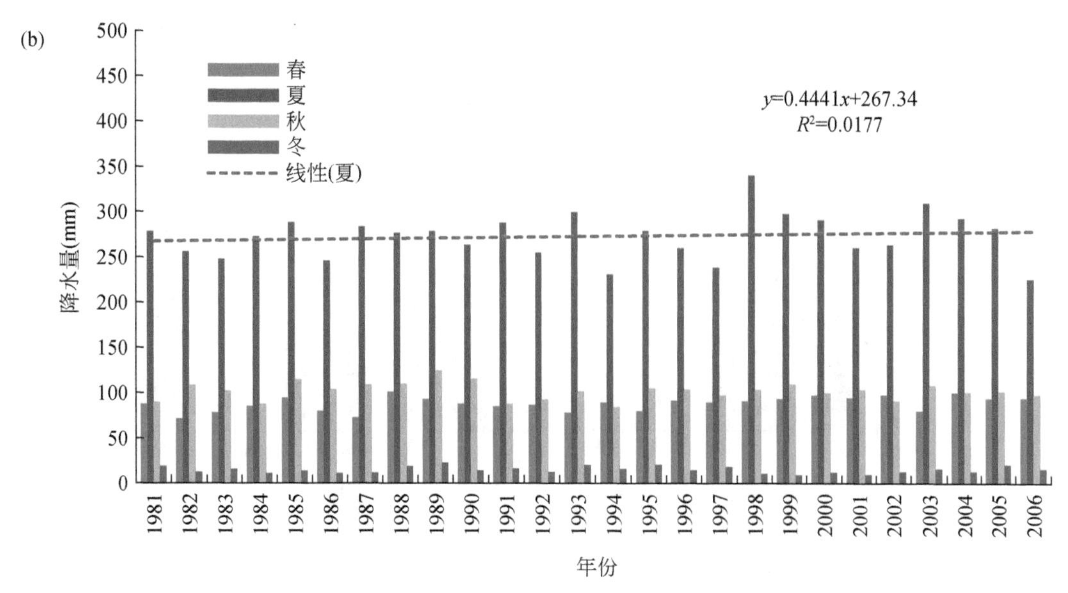

图 3-3　1981 ~ 2006 年青藏高原年降水总量、年均温（a）及各个季节降水量（b）变化情况

主，而 1981 ~ 2010 年和 1991 ~ 2014 年降雪以增加趋势为主。同时，冬季降雪呈增加趋势，而夏季降雪呈减少趋势。中低海拔区域降雪呈减少趋势，高海拔区域（3500m 以上）降雪则呈增加趋势（Deng et al.，2017）。

总体上，青藏高原暖温化在 20 世纪 90 年代后开始加速，其年平均温度的增长速度超过以前的平均水平且处于快速加速阶段，这也预示着暖化过程在不同时间尺度上的增温率不同。同时，青藏高原气候变化还具有鲜明的空间异质性。在 1961 ~ 2010 年，高原不同海拔带上的气象站点年平均温度增长率表现出较为明显的差异。在高原底部、中部和顶部，平均年均温增长率分别 0.24℃/10a、0.31℃/10a 和 0.35℃/10a，即高原顶部升温最快，其次为中部，而高原的底部增温最慢（图 3-4）。但在 20 世纪 80 年代后的增温率中发现，这一速率分别变为 0.49℃/10a、0.5℃/10a和 0.55℃/10a，而在 20 世纪 90 年代后的统计中则变为 0.644℃/10a、0.637℃/10a 和 0.557℃/10a，这也反映出青藏高原在 20 世纪 60 年代后经历了较为明显的暖化过程，且近年增温率有所增加。

整个青藏高原增温趋势与海拔有着较为一致的相关性，即随着海拔的升高，增温率也在增加。1961 ~ 2010 年，总体上增温率依赖于海拔的增加，但在最近 30 年和最近 20 年的统计结果中，这一趋势在逐渐减弱。高原底部地区的增温在近些年的趋势更为明显，并且已经超过了中部和顶部，这使得增温率依赖于海拔的规律逐

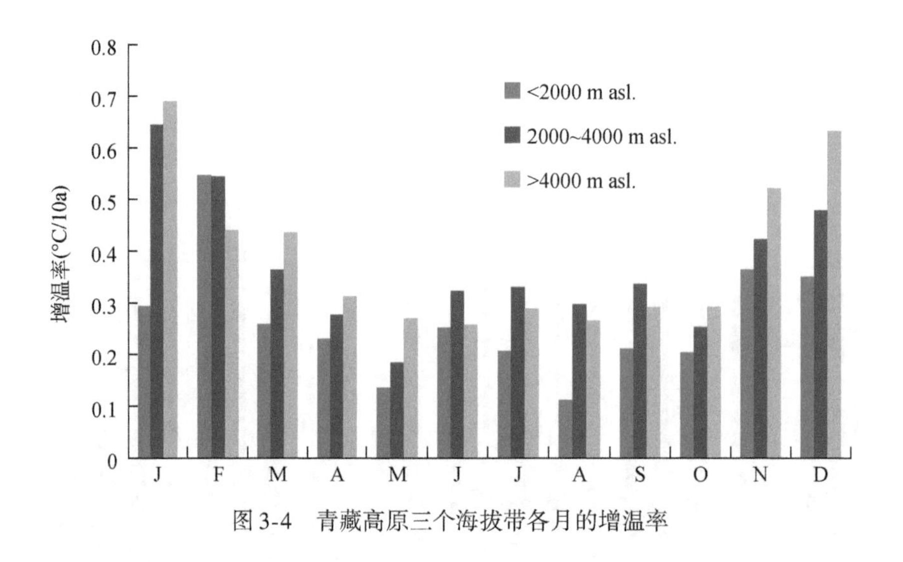

图 3-4 青藏高原三个海拔带各月的增温率

渐改变。这也是近年来青海湖周边地区、雅鲁藏布江河谷及高原东部边缘低海拔地区增温趋势较为明显的原因，即这些地区近些年的增温率已经超过了高原顶部，成为高原增温较为明显的地区（Liu et al.，2009；魏彦强，2013）。

（三）冰冻圈资源

青藏高原平均海拔高度在4000m以上，被称为“亚洲水塔”，分布有现代冰川36 800条，总面积49 873km^2，总体积4561km^3（Yao et al.，2007）。许多证据表明青藏高原冰川近年来总体上呈快速退缩状态，且退缩速率在加速。2003～2009年，青藏高原冰川面积持续减少，冰面高程平均变化为-0.24 ± 0.03m/a，冰川融水量变化为-14.86 ± 11.88km^3/a，冰川变化呈现从高原东南外缘山区往内陆与西北部山区减慢的时空特征。冰川活动是诱发冰川泥石流、冰崩/雪崩、冰湖溃决等灾害的重要因素，通常冰川洪水是具有最大和最广泛影响的冰川灾害之一（叶庆华等，2016）。同时，随着冰川退缩加剧，喜马拉雅山地区和藏东南等地近期冰碛湖扩张明显，未来这些地区冰湖溃决和泥石流、滑坡等山地灾害将会更加频繁。2012年，青藏高原共有湖泊1055个，面积占全国湖泊总面积的51.40%（李治国，2012），这些数量和面积巨大的湖泊一方面对气候变化敏感，另一方面又影响气候变化。青藏高原高山地区冰川补给占主导的湖泊集中分布于藏南喜马拉雅地区和藏东南地区，这些冰湖近40年面积总体上呈迅速扩张态势。例如，2000～2010年，中国喜马拉雅山区面积大于0.02km^{2}的危险性冰湖共计329个。其中，大于0.5km^{2}的冰湖61

个，大于0.5km²的冰湖23个。2000～2010年，整个喜马拉雅山区危险性冰湖面积达125.43km²。1990～2010年，危险性冰湖数量并未变化（因面积较大，且未溃决），但冰湖面积扩张迅速。1990～2010年，喜马拉雅山区冰碛湖面积总体变化率为20.545%（王世金和汪宙峰，2017）。

1979～2010年，青藏高原年平均雪深为2.03cm，且青藏高原雪深呈显著增加趋势，增加速率为0.26cm/10a。其中，昆仑高寒荒漠地带雪深增加最为明显，增加速率达0.73cm/10a；20世纪80～90年代，青藏高原雪深呈逐步增加趋势，21世纪初变化平稳；青藏高原4个季节雪深变化均呈现为上升趋势，尤以冬季增加最为明显，增加速率达0.57cm/10a（白淑英等，2014）。青藏高原积雪变化具有明显的年代际变化特征。例如，1979～2014年，冬季积雪呈现“少雪—多雪—少雪”的变化趋势（图3-5）。青藏高原近30年来呈现持续增暖过程，但积雪对温度变化的响应却不一致。1998年以前，青藏高原冬季增温过程较弱，仅为0.29℃（第二阶段间第二阶段平均值），此时高原冬季积雪深度和日降雪量都有显著增长，分别为0.28cm和0.03mm/d。然而，从第二阶段到第三阶段，温度剧烈上升（两阶段平均值之差为1.48℃），积雪深度和降雪量不再增长，且随温度上升显著减小，两阶段平均值之差分别达-0.48cm和-0.04mm/d。从空间分布看第二阶段到第三阶段青藏高原中东部积雪深度呈减小趋势，最大减小量达10.32cm，且减少最大值出现在青藏高原中部，与升温幅度最显著的区域一致（段安民等，2016）。在全球增暖和青藏高原加速增暖背景下，青藏高原除了季节性积雪在减少，高原冰川和季节性冻土也在快速消退。

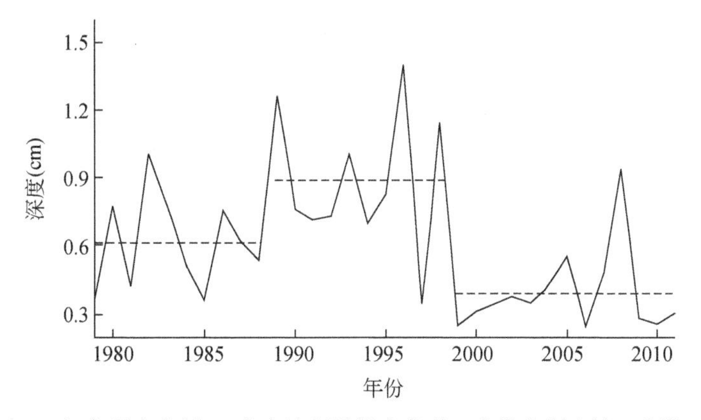

图3-5　1979～2011年高原中东部92个台站积雪深度序列（虚线分别为第一阶段1979～1988年、第二阶段1989～1998年、第三阶段1999～2011年的平均值）（段安民等，2016）

青藏高原多年冻土（含祁连山区）大约为 $150\times10^4km^2$，占我国冻土总面积的70%，是目前世界上中低纬度厚度最大、面积最广的多年冻土区（童伯良和李树德，1983）。过去几十年来，中国以青藏高原为主体的多年冻土温度普遍上升，具体表现为多年冻土面积缩小、下界上升，多年冻土厚度减薄，冻结时间缩短，最大季节融化深度加深，融区扩大，多年岛状冻土消失（Wu et al.，2005）。

（四）植被情况

归一化植被指数（normalized difference vegetation index，NDVI）是表征植物生长、植被覆盖、生长状况、地上生物量、土地利用等的重要指标，是监测植被变化的有效参数。青藏高原因其对气候变化的高敏感性而被称为“地球的触角”。大量事实已表明因高原的全面暖化，其雪线/零物质平衡线及树线的位置因冰川退缩而得到了抬升，植被覆盖发生了明显的变化。快速的气候条件变化已经引起青藏高原生态环境和生态系统的变化（Lee et al.，2004），而人为因素如人口增加、城镇发展及过度放牧等的干扰已对生态系统产生了明显的影响，并在一些区域超过了气候变化的影响本身（魏彦强，2013）。青藏高原 NDVI 在以月为尺度的变化中呈现出倒“U”形的周期性变化特点，即年内的变化在冬春两季较低，平均值约为 0. 16，而夏秋两季达到年内植被生长的最好水平，夏季平均值为 0. 29，秋季为 0. 26 左右。年内的变化显现出地上生物量与四季的更替及气温的变化较为一致的特点。从总体变动趋势上看，近 30 年的 NDVI 年际变化较小，且波动不大，总体上处于平稳的波动态势，最大值 0. 296 出现在 1988 年；最小值 0. 267 出现在 1995 年；多年生长季平均值为 0. 282 左右，有轻微上升趋势。较低的 NDVI 值反映了青藏高原总体上植被覆盖较差，整个柴达木盆地、藏北高原等地区植被分布稀疏，几近于裸地（图3-6）。整体上，有些地区因增温而使得植被带生长条件改善，而另一些地区因生长环境的恶化以致植被覆盖减少，但在整个高原求其平均值时而被相互抵消掉，使得总体上植被带变化趋势波动性不大。

从各个季节的空间变化差异来看，春季的植被带总体上大部分地区趋于恶化。植被带生长状况处于退化的区域集中于高原亚寒带高寒草甸草原区，而高原温带针叶林区则较前两个区域的退化弱，并在部分地区有零星增长的趋势。相较而言，山南林芝地区及帕米尔-喀喇昆仑山以及藏南一些高山区出现了植被覆盖状况好转的情形（图 3-6）。夏季是整个青藏高原植被活动最为强烈的时期，从整个区域来看，

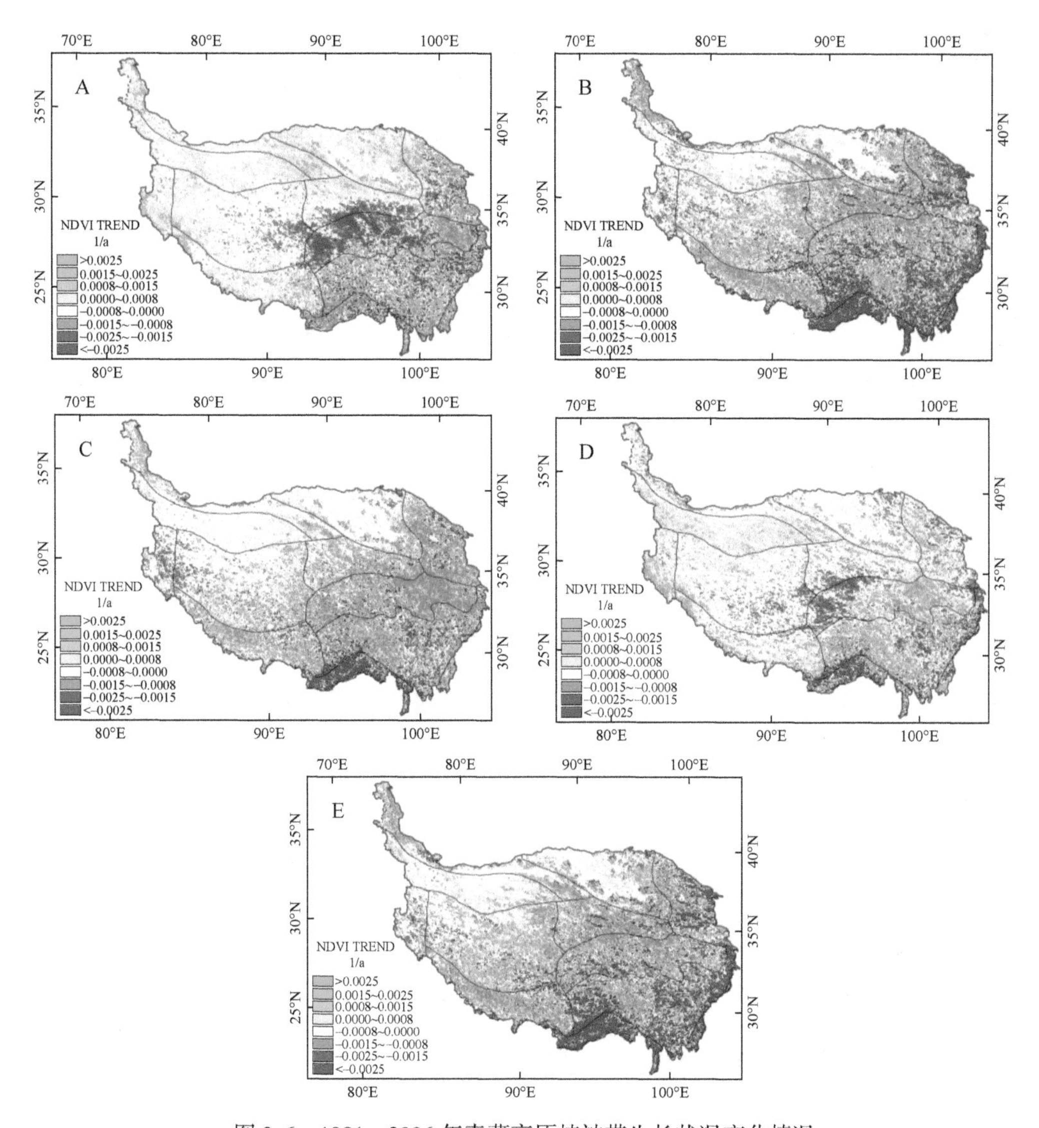

图 3-6 1981～2006 年青藏高原植被带生长状况变化情况

大部分地区的植被覆盖趋于好转。在高原西南部及中部、柴达木盆地周围的广大地区植被都出现了增长情况。部分地区的增长率达到了 0.0025/a 及以上。在夏季处于恶化趋势的植被带分布于山南林芝、云南北部、四川西北及青海湖附近的低海拔地区，高原的东部边缘是这一趋势较为集中的区域。秋季高原植被带生长状况总体趋于改善，只是亚热带常绿阔叶林区和阿里山地荒漠区有明显退化趋势。另外，四川西北部分地区的植被也出现局部退化。与其他三个生长季相比，冬季严寒而干冷，生物意义上的冬季长达 7 个月（10 月至次年 4 月），广大高原地区植被发育基本停滞。因此，NDVI 对植被带生长状况的指示意义不大。

从季节性的植被带变化空间差异来看，冬春两季的空间变化趋势基本一致，均是高原中部有明显的减少趋势，但在高原西南部及一些高海拔山区有较为明显的增长。而夏秋两季整个高原西南部、西部和中部的高原亚寒带都出现了较为明显的增长。由于这些地区海拔较高，夏秋两季又是植被生长旺盛的季节，高海拔地区的植被好转应该是气候转暖、植被带向高海拔地区缓慢移动及植物量提高的结果。与此相对应的是，高原的边缘及四川西北、西藏南部林芝等地区的植被出现了退化趋势。这些地区海拔相对较低，人口密度较高，人类活动频繁，植被在生长季的旺季出现退减趋势（魏彦强，2013）。

（五）土地利用类型

青藏高原地区是我国重要的四大天然牧区之一（我国四大牧区依据天然牧草的分布划定，指内蒙古牧区、新疆牧区、西藏牧区以及青海牧区。参见任继周著《草原调查与规划》），其平均海拔较高，年平均温度相对较低，且区域内部地貌类型多样，各个生态气候区之间差异较大。青藏高原北部地区因接近欧亚大陆内部而降水稀少，在干旱的气候环境下形成以沙漠、戈壁为主的内陆干旱景观，其中以柴达木盆地和接近于塔里木盆地的沙地为主。广大的高原中部及西部地区，因海拔较高、年平均温较低、生长环境恶劣等而广泛形成低覆盖度的高山荒漠草原和高寒草原。接近 400mm 降水线以东的高原东部地区，因其海拔相对降低、年平均温度逐渐增加等气候环境相对较好，形成中高盖度高寒草原、高寒草甸、郁闭度相对较高的灌丛及稀疏林地。高原东南部、南部边缘接近四川盆地、滇西北及林芝等地区因气候条件相对较好，大部分地区以高盖度草甸、灌丛、林地、亚热带森林为主，植被覆盖较好（图 3-7）。青藏高原地区的植被覆盖度由北向南、由西北向东南方向逐渐的过渡性特点与其海拔、温度及降水等气候环境具有很高的一致性。

三、经济社会背景

（一）人口与经济

因其海拔普遍较高，青藏高原素有“地球的第三极”和“世界屋脊”之称，

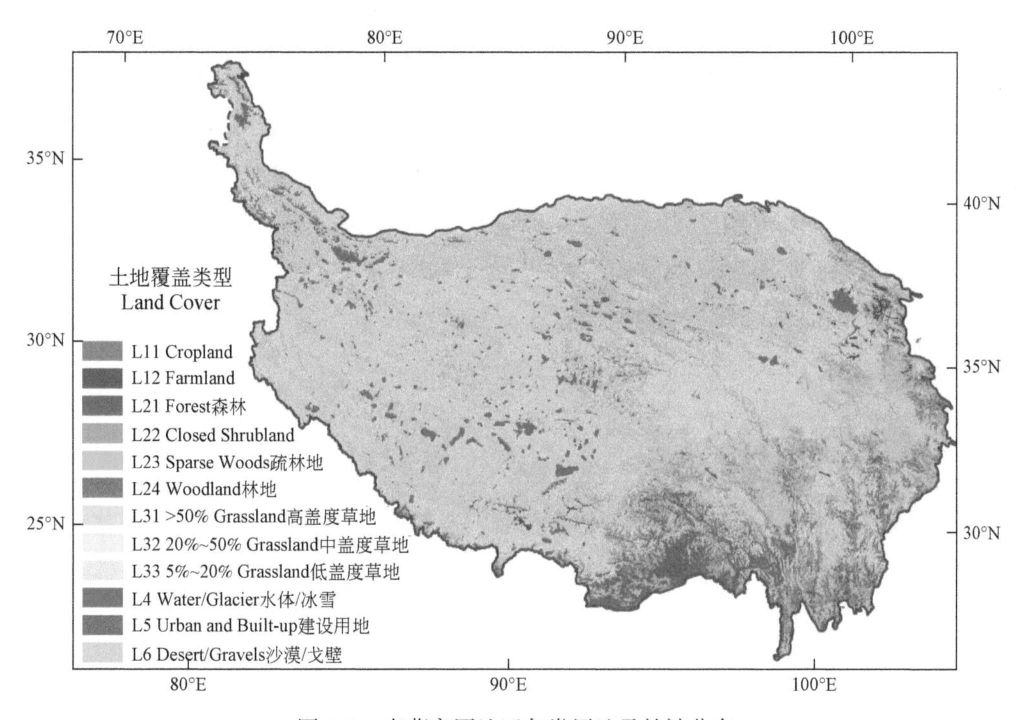

图 3-7　青藏高原地区各类用地及植被分布

其平均海拔在 4500m 左右。由于其海拔较高，年平均温度只有 2.5 ~5℃（1961 ~2010 年的年平均温度范围）。青藏高原地区是我国重要的四大牧区之一，与其他几个主要牧区相比，青藏高原地区因海拔较高、年平均温度较低、植被覆盖度低、地上生物量相对较小等，草地的产草量较小、草地承载力普遍较低，人口和牲畜的分布相对较为稀疏，是我国人口和牲畜密度最低的地区之一。受气候和自然环境的限制，青藏高原地区的农业发展相对滞后，主要以畜牧业的发展为主，是我国少数几个牧业集中的地区之一。目前，以在青藏高原 207 个县区来统计，2010 年高原地区总人口仅为 1554 万人，牲畜总数为 1.344 亿个羊单位，而牲畜中主要以藏牦牛和藏绵羊、山羊为主。近些年来，青藏高原地区无论是人口规模还是牲畜规模都得到了较快的增长。人口数量从 1971 年的 813 万人很快增长为 2010 年的 1553.5 万人，平均年增长率达到 18.99 万人/年，总人口增长了近一倍。而以羊单位换算的整个青藏高原牲畜的数量则由 1971 年的 100.28 百万羊单位增长到 2010 年的 134.36 百万羊单位，平均增长速率为 85.2 万羊单位/年，总规模增长至 1.34 倍。

以占高原主体部分的青海、西藏经济统计数据来看，2010 年青藏高原畜牧业从业人员为 210 万人，畜牧业总产值为 173.45 亿元，畜牧业人均收入为 8260 元。虽然近些年来青藏高原地区的经济发展较快，但从人均收入水平来看，青藏高原地区的人均收入水平普遍较低，低于全国同期的平均值，处于相对落后的水平（魏彦强，2013）。从历年三次产业的比例来看，青藏高原地区第一产业所占比例在27%左右，但近些年该值有一定的下降，第一产业总值占GDP的10%左右。从第一产业所占比例来看，青藏高原地区对第一产业的依赖较为严重，但随着近年来第二、三产业的发展，这一趋势基本得到了扭转。但从历年畜牧业占第一产业的比例来看（图3-8），在第一产业中，青藏高原地区的畜牧业所占比例历来较高，曾一度达到60%以上。近年来仍有增加的趋势，基本维持在50%左右，证明青藏高原地区的畜牧业在该区仍占有相当重要的地位。由于广大牧民主要依赖于畜牧业作为其生计的主要来源，该比例较高反映了青藏高原地区尤其是广大牧区对畜牧业的依赖度较高。青藏高原地区的城市和城镇数量及规模均比较小，城镇化率较低，对畜牧业中的剩余劳动人口吸纳有限，因而其发展总体上处于经济起飞前的农业社会阶段。

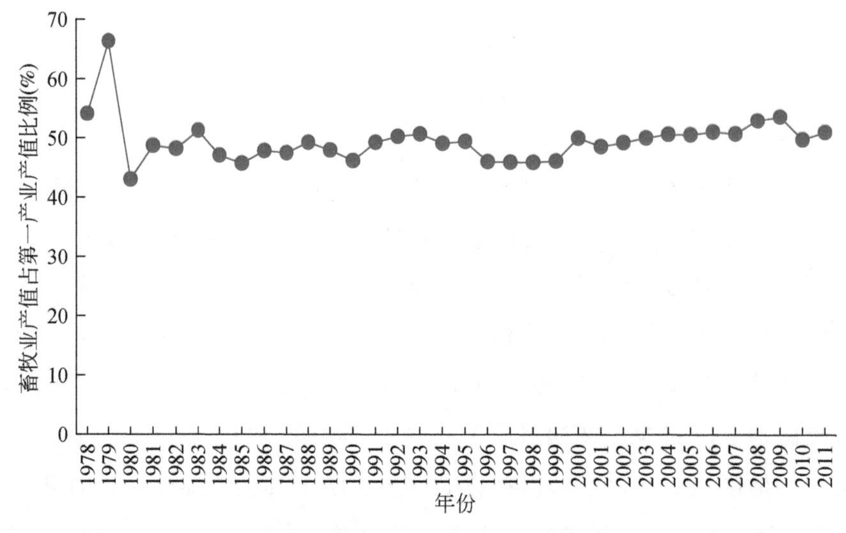

图3-8 1978～2011年青藏高原地区畜牧业产值占第一产业产值比例

（二）可持续发展状况

青藏高原是世界上除南北极之外的最后一片净土，虽然是我国经济欠发达地区，却是我国草地资源、生物资源等自然资源富集和少数民族聚集区。青藏高原地区以畜牧业为主的第一产业占有较大的比例，从第一产业的发展及整个经济的增长规模来看，青藏高原地区近些年的经济增长较为明显，经济增长速度一度处于加速阶段。同时，也应看到，青藏高原地区是我国经济发展相对落后的地区。按照中国科学院可持续发展战略研究组应用可持续发展系统学理论创建的中国可持续发展指标体系及其评估结果（牛文元，2007），可以看到青藏高原可持续发展能力依然很低。其中，青海和西藏的可持续发展能力分别为32.13和30.85（表3-1），在全国可持续发展能力排名分别是第29名和第31名，其他的省份排名也偏后。青藏高原地区可持续发展的各子系统中，智力支持系统处于最劣势，西藏和青海排名为全国最后两位；其生存支持系统、发展支持系统和社会支持系统也较差；西藏在环境支持系统中排名第1位，但其他省份排名偏后。尤其要说明的是，在环境支持系统的区域环境成本、区域生态水平和区域抗逆水平中，青藏高原地区区域环境成本指数较高，而区域生态水平较低，特别是其中的水土流失指数较高，西藏为64.8，青海为42.4，说明自然灾害和生态退化对环境的影响较大；青藏高原地区的区域抗逆水平也较低，青海的区域抗逆水平指数最低为41.1，西藏也只有50.2（牛文元，2007）（表3-1，图3-9），说明青藏高原地区的自净能力对生态灾害的抗衡能力较低，自然环境一旦遭到破坏就很难修复。从区域发展成本、区域发展水平、区域发展质量看，青藏高原科技创新能力、发展程度还处于初级阶段。总体上说，青藏高原地区可持续发展能力较低。

表3-1　青藏高原地区可持续发展能力（牛文元，2007）

地区	生存支持系统		发展支持系统		环境支持系统		社会支持系统		智力支持系统		可持续发展能力	可持续发展能力排名
	指数	排名	指数	排名	指数	排名	指数	排名	指数	排名		
青海	29.84	28	27.52	29	40.22	28	33.19	28	29.86	30	32.13	29
西藏	36.51	21	28.15	27	63.56	1	7.36	31	18.66	31	30.85	31
四川	38.45	19	32.56	24	45.51	19	47.85	22	36.82	23	40.24	20
甘肃	29.81	29	32.69	23	42.44	23	37.04	27	39.28	19	36.25	27
云南	39.53	17	33.48	20	50.40	10	28.93	30	33.51	27	37.17	26
新疆	43.06	14	35.94	16	40.70	26	51.74	14	36.87	22	41.66	18

鉴于青藏高原地区特殊的自然环境、人文资源和其重要的生态地位，中央政府一直给予青藏高原地区特殊的生态环境政策，2011年国务院印发《青藏高原区域生态建设与环境保护规划（2011—2030年）》，这是我国第一个基于完整自然地理单元的跨省域的综合性生态环境保护规划，为青藏高原地区生态保护和资源有效利用创造了良好的外部条件。

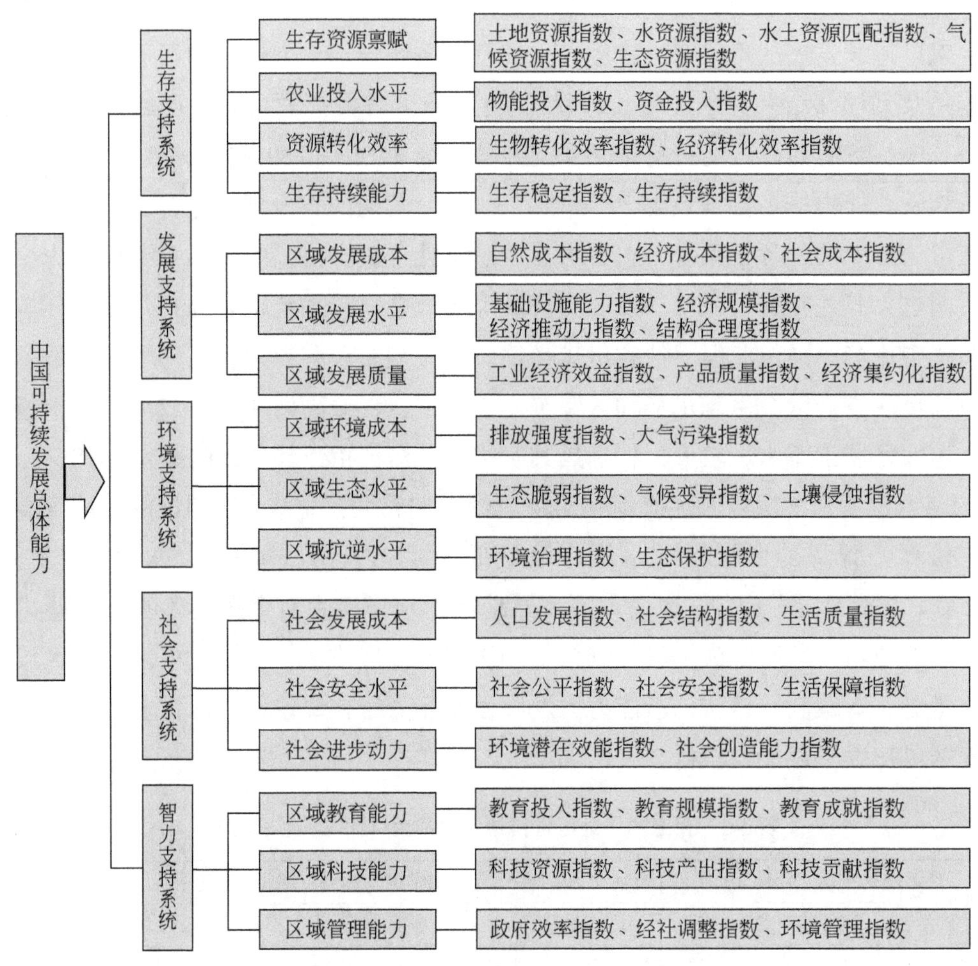

图 3-9　可持续发展指标体系要素层（牛文元，2007）

第四章　地震灾害

一、定义与内涵

地震是地壳岩层突然释放能量而导致周围物质运动，进而引发的突发快、破坏性极大的自然灾害。地震多发生在地壳活动强烈的构造带，特别是活动断裂带上。中国地震活动频发，且震源浅、强度大、分布广，严重的地震造成了巨大伤亡和经济损失，汶川地震、玉树地震巨灾留下了极其深刻的教训和启示。地震还会引发海啸、山崩、滑坡等一系列次生、衍生灾害。青藏高原是我国现代构造活动和地震活动最强烈的地区，有记录以来，青藏高原已探测发生 7 级及以上巨大地震 118 余次，其频发区主要集中在喜马拉雅所处的板块边界构造带和板内断块区及次级断块的边界活动构造带（邓起东等，2014）。

在地震灾害系统中，致灾因子主要包括断层分布、地震动衰减关系、场地条件等，承灾体脆弱性包括易损性、暴露度两部分，易损性主要计算在给定致灾因子强度下承灾体的损失情况，即构建承灾体的易损性曲线，暴露度模块主要生成准确且高分辨率的承灾体数据（李曼等，2015）。本章以地震动峰值加速度为基础，分析青藏高原地区地震灾害风险性，结合人口分布和 GDP 数据，计算地震灾害易损性，综合地震灾害危险性和易损性评价结果，最终得到青藏高原地区地震灾害风险性分区。

二、数据与方法

（一）数据与资料

1. 基础地理数据

全国 1：400 万基础地理信息数据和 SRTM 90 m 数字高程数据来源于中国科学

院计算机网络信息中心国际科学数据镜像网站（http://datamirror.csdb.cn）。该数据包括行政边界、行政面积、交通干线、县域驻地海拔高程、研究区坡度，其地理坐标为GCS-Krasovsky 940，投影系统为Albers等面积投影。

2. 地震灾害风险评估数据

本书地震致灾因子危险性数据主要来源于2016年6月1日起正式实施的《中国地震动参数区划图》（GB 18306—2015）。本次发布的《中国地震动参数区划图》已是中国第五代地震动参数（烈度）区划图（全国地震标准化技术委员会，2015）。在国家基础地理信息的1∶100万和1∶25万的基础地理数据的基础上，作各图层的专题分析；提取地震灾害基础数据库和灾害评估的各种要素；在活断层数据等地震地质数据的基础上，建立环境条件数据库；在历史地震数据的基础上，研究整理历史地震灾害损失数据。

3. 人口经济数据

本书人口数据来源于中国公里网格人口分布数据集（付晶莹等，2014）。传统人口数据来源于全国人口普查数据或统计年鉴。其数据主要以行政区为基本单元进行统计，且空间分辨率较低，无法解释人口分布的空间差异。同时，无法与网格等基础地理单元数据进行共享与整合。因此，统计型人口空间化，即将以行政区为基本单元的统计人口展布到一定空间尺度（本数据集为1 km×1 km）网格上，构建人口空间分布数据集，与土地利用数据、自然资源及生态环境等自然要素数据进行综合分析，实现人文社会经济数据与自然要素的整合，具有重要的理论与现实意义（付晶莹等，2014）。

中国公里网格人口分布数据集形成流程如下：①综合分析中国人口分布的空间特征及区域差异进行人口区划；②在区划后的各子区域中建立多元统计人口空间化模型进行人口空间化，并利用城市人口密度、交通状况、DEM及总量控制四个因子对模型进行校正，以确保模型的合理性和准确性；③为了对人口数据精度进行校验，选择中国东部、西部及中部典型省份中具有完整乡镇数据人口的地区作为检验样本，以统计数据为真值，空间化人口数据的相对误差在4.5%～13.6%，而且大部分样本的相对误差小于10%；④形成一套具有统一空间坐标参数、统一数据格式、统一元数据标准的公里格网人口空间分布数据集（付晶莹等，2014）。

本书经济数据来源于中国公里格网GDP分布数据集（黄耀欢等，2014）。传统经济数据以行政区为基本单元，具有空间定位不稳定、不精确及不统一等特点。

GDP 空间化即以一定尺寸的地理网格单元代替行政单元，便于与土地利用、生态环境背景数据等自然要素数据进行分析整合，为促进多领域之间数据共享、实现空间统计综合分析提供极有力的支持。中国公里网格 GDP 空间分布数据集是在综合分析人类活动形成的土地利用格局与 GDP 空间互动规律基础上，建立第一产业、第二产业、第三产业 GDP 与土地利用类型空间相关性模型（黄耀欢等，2014）。

借助区位理论，利用空间统计学方法，综合分析中国社会经济发展的空间特征和区域差异，并对这种空间特征及差异进行定量表达和分层分区处理。同时，需要选择一定数量的具有代表性的县域作为建模的样本量，进而建立 GDP 空间分布模型。利用该模型对 GDP 分县统计数据空间化，从而生成 1 km 网格 GDP 空间分布数据。为了对 GDP 数据的精度进行校验，在中国东部、中部及西部共选取 40 个具有完整 GDP 数据的乡（镇）进行校验，结果显示，空间化 GDP 数据的相对误差在 6%～17%。该数据集实现了中国 GDP 数据的空间定量模拟，建立了统一空间坐标参数、统一数据格式、统一的数据和元数据标准的全国 1 km 网格 GDP 分布数据集（黄耀欢等，2014）。

（二）数据转化

由矢量数据转化为栅格数据（vactor 转换为 raster）是对高原单灾种和多灾种自然灾害综合风险评估实现在一定时空上表达的关键所在。本书中，栅格数据是利用 ArcGIS 10.2 软件 Conversion Tools/Feature to Raster 模块通过矢量数据转换而获得，栅格赋值类型选择“面积最大”选项。在数据转换过程中，本书用指标的相对变异百分数来研究由矢量数据转成栅格数据时某些指标的变化情况，并以此来判定矢量数据与栅格数据精度的一致性。其中，“相对变异百分数”（VIV）是以矢量数据为基准的不同分辨率栅格数据结果相对于矢量数据结果的差异百分数。

$$VIV(\%)=100\times(IV_{矢量}-IV_{栅格})/IV_{矢量} \tag{4-1}$$

式中，$IV_{矢量}$为矢量数据的指标值；$IV_{栅格}$为相应栅格数据的指标值。若所有指标 $|VIV|<1\%$，则栅格数据与矢量数据的精度被认为具有高度一致性（Whitmore et al.，1997；倪元龙等，2012）。对于行政区评估单元，如人口密度、人均 GDP 等，本书首先采用矢量化方法量化，然后将其转化为栅格数据，进而进行重采样，精度为 7.9 km×7.9 km。

（三）地震灾害风险等级划分

针对地震灾害的危险性因子，本书主要选取地震动峰值加速度。地震加速度是指地震时地面运动的加速度，地震加速度值为 2.5 ~ 8 cm/s 时，多数人可以感到。当加速度值达到 25 ~ 80 cm/s 时，可作为确定地震烈度的重要依据（罗杰，2010；谢华飞，2011）。在以烈度为基础作出抗震设防标准时，往往对相应的烈度给出相应的地震动峰值加速度。当前，中国建立了全覆盖的地震行业网络，但更多关注地震监测系统的仪器观测效果，对于大地震应急响应和救灾、减灾需要的快速产出还不多，地震动实时监测和加速度数据速报仍然处于起步阶段。在大地震频发地区大量部署加速度传感器，是解决实时公布大地震烈度的最有效途径。鉴于此，本书选取地震动峰值加速度作为地震灾害危险性评估关键因子（Shi and Karsperson，2015）。通过灾害成因分析，确定了地震灾害危险性评估因子分级指标（表 4-1），结合地震烈度、灾情状况，最终将地震灾害综合风险划分为五级，分别为极低风险、低风险、中风险、高风险和极高风险（表 4-2）。

表 4-1　地震加速度危险级别分级指标

灾种	因子	极低危险	低危险	中危险	高危险	极高危险
地震	地震加速度（g）	<0.1	0.1 ~ 0.2	0.2 ~ 0.3	0.3 ~ 0.4	>0.4

表 4-2　地震灾害综合风险等级划分标准

风险构成	极低风险	低风险	中风险	高风险	极高风险
地震	地震灾害风险极低，对当地的生命财产、农业生产等经济活动影响轻微	地震灾害风险较低，对当地的生命财产、农业生产等经济活动影响较低	地震灾害风险中等，影响当地的生命财产、农业生产等经济活动	地震灾害风险较高，对当地的生命财产、农业生产等经济活动影响较高	地震灾害风险极高，严重影响当地的生命财产、农业生产等经济活动

（四）地震灾害综合风险评估方法

1. 地震危险性评估方法

针对地震危险性因子，本书主要选用地震动峰值加速度。《中国地震烈度表（1980）》规定，烈度为Ⅶ、Ⅷ、Ⅸ、Ⅹ时相对应的地震动峰值加速度平均值分别为

0. 125g、0. 25g、0. 5g、1. 0g。根据不同地震动峰值加速度造成的危害的不同特征，将地震危险性划分为五个等级，分别表示极低危险、低危险、中危险、高危险和极高危险（罗杰，2010）。

2. 地震灾害易损度评估方法

地震灾害易损度评价模型为多因子复合函数。一般包括地区国内生产总值、人口密度、土地利用变化等关键要素。本书以已有模型为基础，作了简化处理，选取国内生产总值、土地利用类型和人口密度三项指标，构建如下易损度评价的简化模型（刘希林等，2011）：

$$V=\sqrt{\frac{(G+L)/2+D}{2}} \tag{4-2}$$

式中，V 为易损度，0 ~ 1；G 为单位面积国内生产总值，万元/km^2；L 为单位面积土地利用类型价值赋值；D 为人口密度，人/km^2。G、L、D 均为归一化后的取值，0 ~ 1。

3. 地震灾害综合风险度评估模型

对于地震灾害综合风险评估，本书采用联合国对自然灾害风险的定义及其数学表达式（刘希林等，2011），地震灾害风险度表达为

$$R=H\times V \tag{4-3}$$

式中，R 为风险度，0 ~ 1；H 为危险度，0 ~ 1；V 为易损度，0 ~ 1。

本书将地震灾害危险度矢量数据转换成 7. 9 km×7. 9 km 的栅格数据，与易损度统一数据格式和分辨率，并运用 ArcGIS 的空间加权叠加计算功能，将地震危险度和易损性栅格数据进行加权叠加计算，最后形成地震灾害综合风险结果图层。根据风险数值大小，利用自然断点法将其分成极低风险、低风险、中风险、高风险和极高风险五个综合风险等级。

三、致灾机理分析

地震灾害是由地壳岩层突然释放能量而导致地表人口死亡、资产损失的一种突发性、破坏性极大的自然灾害。当地震加速度过大、建筑物结构和质量较差时，地震灾害损失大。地震震级越大，地壳岩层释放的能量越大。当然，震源特征、地震能量、应力降、破裂类型与方向等均会影响地震危害程度。例如，在震级相同条件

下，震源越浅，震中烈度越高，危害也越严重（杨斌等，2011）。场地条件则是影响地震危害大小的又一重要因素，具体包括地表几百米内的地基土壤和地下水埋深，以及局部地形及地表断裂破碎带分布情况。鉴于地震烈度主要是通过自然村里房屋破坏综合评定，而大多数房屋是建在土层上的，地震烈度值自然是反映土层上地震动强烈的程度。

以上是地震危害的自然属性，地震危害的另一表现形式是社会属性。社会属性主要是房屋等级结构如何，其质量好坏直接决定抗震性能，进而决定地震灾损程度。一般来说，框架结构、钢混结构、砖结构、土木结构抗震性能依次降低。另外，地震发生时间也与地震损失息息相关。当地震发生在夜间，其破坏性远高于发生在白天。例如，唐山大地震就发生在深夜，当时，绝大多数人还在熟睡，这是当时伤亡极为惨重的重要原因之一。当然，地震产生的损失还与当地环境、贫困程度、人口密度、设防水平等息息相关。例如，青藏高原的昆仑山 8.1 级地震尽管震级比汶川高，但因震区处于无人区，人口、经济密度极低，因而最终造成的灾情甚微。特别地，地震灾害还与防灾设防水平息息相关。相对于大灾而言，因超过区域设防水平，经济发达地区灾情巨大，而经济欠发达地区则易酿成灭顶之灾（史培军等，2014）。因此，地震灾害综合风险分析、评估，需要统筹灾害形成的自然条件和社会因素，要高度重视社会科学、公共管理、危机管理等学科领域，在多学科综合的框架下，综合研究地震灾害形成的各个环节（宁宝坤，2010）。

四、灾害时空特征

地震灾害是中国自然灾害众灾之首，灾损巨大，且主要发生在青藏高原外围、新疆及华北地区，东北、华东、华南等地区发生频率较低。其中，绝大多数强震主要分布在 107°E 以西的青藏高原，强震分布显示了西多东少的空间差异。1970 年 1 月 1 日 ~2014 年 10 月 14 日，中国（74.00°E ~120.00°E，20.00°N ~50.00°N）共发生 6.0 ~10.0 震级地震事件 287 起，深度在 0 ~1000 km。青藏高原是我国新构造运动与地震活动最强烈的地区（邓起东等，2002）。高原最南部即是印度板块与欧亚板块俯冲碰撞形成的喜马拉雅造山带，其沿线曾发生过多次 8 级和 8 级以上巨大地震。

1970 年 1 月 1 日 ~2014 年 10 月 14 日，青藏高原及周边（74.00°E ~108.00°E，

24.00°N～40.00°N）共发生6.0～10.0震级地震事件191起，深度在0～35 km，其灾害事件基本占到了中国地震事件总数的66.55%（图4-1）。1999～2014年，青藏高原发生≥4.5级地震事件327起，其中，≥6.0级地震事件37起（表4-3），占≥4.5级地震事件总数的11.31%，且占1970～2014年≥6.0级地震事件总数的19.37%。可以看出，近期青藏高原强震活动水平较高。在省域尺度上，青藏高原各省（自治区）中，≥6.0级地震活动水平最高的为西藏，≥6.0级地震发生率占青藏高原总数的32.43%以上；四川省川西高原次之，占29.73%。青海、新疆、甘肃≥6.0级地震事件分别为6次、5次、2次（表4-3）。强震地震活动空间分布特征为地震工作布局和确定监视预报及预防工作的重点地区提供了重要事实依据。

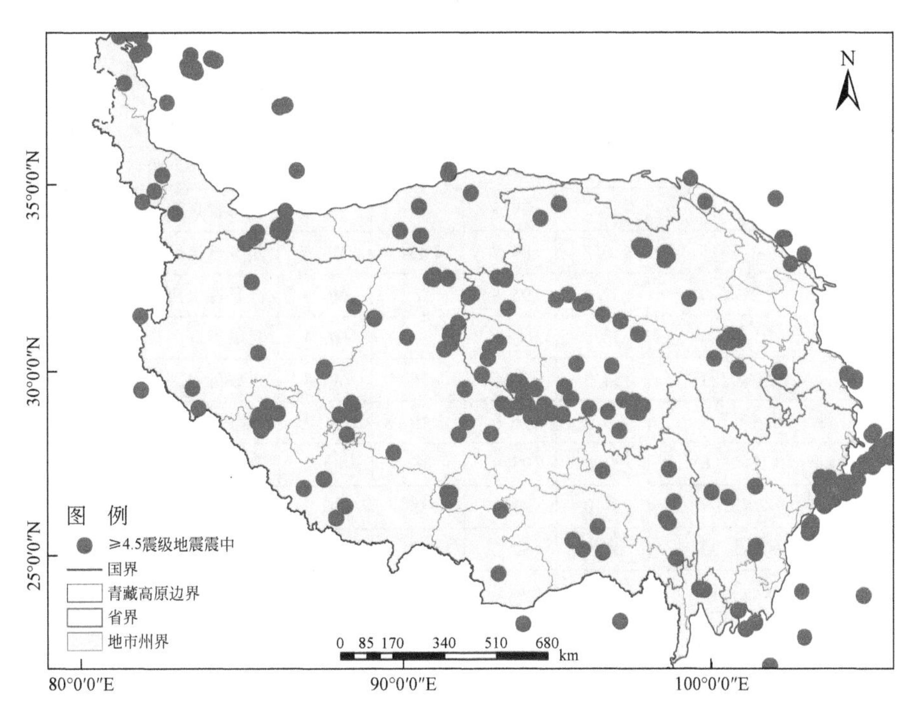

图4-1　1970年1月1日～2014年10月14日青藏高原≥4.5震级地震震中空间分布

资料来源：中国地震台网中心

表4-3　1999年1月～2014年10月青藏高原≥6.0震级地震震中空间分布一览

发震日期（年-月-日）	发震时刻（时:分:秒）	纬度（°N）	经度（°E）	深度（km）	震级	参考地点
2001-11-14	26:13:0	36.2	90.9	15	M8.1	新疆维吾尔自治区若羌县与青海省交界

续表

发震日期 (年-月-日)	发震时刻 (时:分:秒)	纬度 (°N)	经度 (°E)	深度 (km)	震级	参考地点
2008-5-12	28:04:0	31.0	103.4	14	M8.0	四川省汶川县
2014-2-12	19:50:3	36.1	82.5	12	M7.3	新疆维吾尔自治区和田地区于田县
2008-3-21	33:02:6	35.6	81.6	33	M7.3	新疆维吾尔自治区和田地区于田县
2010-4-14	49:37:9	33.2	96.6	14	M7.1	青海省玉树藏族自治州玉树县
2013-4-20	02:46:0	30.3	103.0	13	M7.0	四川省雅安市芦山县
2008-1-9	26:47:0	32.5	85.2	33	M6.9	西藏自治区阿里地区改则县
1999-3-29	05:08:5	30.4	79.2	0	M6.9	中国与印度交界
2008-8-25	22:00:1	31.0	83.6	10	M6.8	西藏自治区日喀则地区仲巴县
2004-7-12	08:44:1	30.5	83.4	33	M6.7	西藏自治区仲巴县与吉隆县间
2013-7-22	45:55:1	34.5	104.2	20	M6.6	甘肃省定西市岷县、漳县交界
2008-10-6	30:46:0	29.8	90.3	8	M6.6	西藏自治区拉萨市当雄县
2003-4-17	48:41:1	37.5	96.8	15	M6.6	青海省德令哈市
2000-9-12	27:53:5	35.3	99.3	10	M6.6	青海省兴海县与玛多县间
2005-4-8	04:43:5	30.5	83.7	33	M6.5	西藏自治区仲巴县
2009-8-28	52:06:0	37.6	95.8	7	M6.4	青海省海西蒙古族藏族自治州
2008-5-25	21:47:0	32.6	105.4	33	M6.4	四川省青川县
2001-3-5	50:02:4	34.2	86.5	10	M6.4	西藏自治区玛尼县
2010-4-14	25:17:8	33.2	96.6	19	M6.3	青海省玉树藏族自治州玉树县
2008-11-10	22:05:6	37.6	95.9	10	M6.3	青海省海西蒙古族藏族自治州
2004-3-28	47:31:8	34.0	89.4	33	M6.3	西藏自治区班戈县与青海省交界
2012-8-12	47:12:2	35.9	82.5	30	M6.2	新疆维吾尔自治区和田地区于田县
2013-8-12	23:40:1	30.0	98.0	10	M6.1	西藏自治区昌都地区左贡县、芒康县
2008-8-30	30:50:5	26.2	101.9	10	M6.1	四川省攀枝花市仁和区
2008-8-5	49:18:7	32.8	105.5	10	M6.1	四川省广元市青川县
2008-8-1	32:44:6	32.1	104.7	20	M6.1	四川省平武县、北川羌族自治县交界
2008-5-13	07:11:0	30.9	103.4	33	M6.1	四川省汶川县
2007-5-5	51:41:5	34.3	81.9	33	M6.1	西藏自治区日土县、改则县交界
2003-10-25	41:36:3	38.4	101.2	33	M6.1	甘肃省民乐县、山丹县间
2003-7-7	55:45:4	34.6	89.5	33	M6.1	西藏自治区、青海省交界
2012-3-9	50:09:1	39.4	81.3	30	M6.0	新疆维吾尔自治区和田地区洛浦县
2008-9-25	47:14:0	30.8	83.6	20	M6.0	西藏自治区日喀则地区仲巴县
2008-7-24	09:28:6	32.8	105.5	10	M6.0	四川省广元市青川县

续表

发震日期 (年-月-日)	发震时刻 (时:分:秒)	纬度 (°N)	经度 (°E)	深度 (km)	震级	参考地点
2008-5-18	08:23:4	32.1	105	33	M6.0	四川省江油市
2008-5-12	43:15:0	31	103.5	33	M6.0	四川省汶川县
2008-1-16	54:46:7	32.5	85.2	33	M6.0	西藏自治区改则县
2001-2-23	09:20:0	29.4	101.1	15	M6.0	四川省雅江县

注：资料来源于中国地震台网中心

2006 年 12 月 26 日，台湾西南外海发生 7.2 级地震和 6.7 级余震，造成 2 人死亡，47 人受伤，3 间民宅倒塌。同时，此次地震还造成中国、美国、日本、韩国、马来西亚和新加坡等国之间的通信受阻，波及国际电信业、证券业、期货业、信息传媒业、电子商务业等诸多行业和领域（宁宝坤，2010）。2007 年的日本新潟发生 6.6 级地震，造成核电站含微量放射性物质的泄漏，进而引发恐慌。2008 年 5 月 12 日，四川汶川发生里氏 8 级地震，此后地震灾区还发生了上万次余震，最高震级达 6.4 级。此次地震属浅源地震，是中华人民共和国成立以来灾害性最为严重的地震，其伤亡人数仅次于 1976 年唐山 7.8 级地震，经济损失和救灾难度之大为历史罕见。四川、甘肃、陕西、重庆、河南、湖北、云南、贵州、湖南、山西等省份共有 417 个县、4667 个乡镇、48 810 个村受灾，受灾人口 4625.60 万人，紧急转移安置 1510.60 万人，因灾死亡69 227人，失踪 17 923 人，受伤 37.40 万人；倒塌房屋 796.7 万间，损坏房屋 2454.3 万间，直接经济损失 8523.09 亿元。

五、综合风险评估

（一）地震灾害危险性评估

青藏高原是一个由多个次级断块组成的断块区。在青藏断块区，除东西构造结周围地区以外的主体地区由南至北可分为多个次级断块，它们是拉萨断块、羌塘断块、巴颜喀喇断块、东昆仑—柴达木断块和祁连山断块。各次级断块之间分别被红河—嘉黎—班公错断裂带、鲜水河—玉树—玛尔盖查卡断裂带、东昆仑断裂带、西秦岭—柴达木北缘断裂带所分开。研究表明，分隔前述各次级断块的边界断裂带都是活动断裂带或活动盆地带（邓起东等，2014）。由于地震多发生在现代地壳活动强烈的构造带内，特别是活动断裂带上，不同危险等级的分布基本呈带状分布，且整体方向与青藏高原分布的东昆仑断裂带、抚边河断裂带、鲜水河断裂带等断裂带的 NW 走向是一致的。在 ArcGIS 软件中，将研究区划分为 7.9 km×7.9 km 网格，通过空间分析模块将选取的地震致灾因子的危险性属性值赋值到方格中，得到地震灾害危险性区划图（图 4-2）。结果显示，地震灾害极低危险性区域所占面积为 715 300 km^2，占比约为 28.5%；低危险性区域所占面积为 1 001 275 km^2，占比约为 39.8%；中危险性区域所占面积为 667 075 km^2，占比约为 26.5%；高危险性区域所占面积为 106 675 km^2，占比约为 4.3%；极高危险性区域所占面积为 22 775 km^2，占比约为 0.9%。地震灾害危险性最高的几个区域分别位于巴颜喀喇断块、阿尔金断裂带的西段、昆仑断裂带、雅鲁藏布江-印度河新生代和弦中段等，具体高危区主要分布在念青唐古拉山脉西缘和雅鲁藏布江大拐弯、青海省阿尼玛卿山一线、新疆维吾尔自治区喀喇昆仑山南部区域、甘新交界阿尔金山以南部分区域、四川省大雪山一线，其他区域则处于中危险性区、低危险性区（图 4-2）。特别地，要对巴颜喀喇断块中东段，以及拉萨断块等危险区强化开展针对性研究，寻找可能发生大地震的活动构造段和地震危险区域。

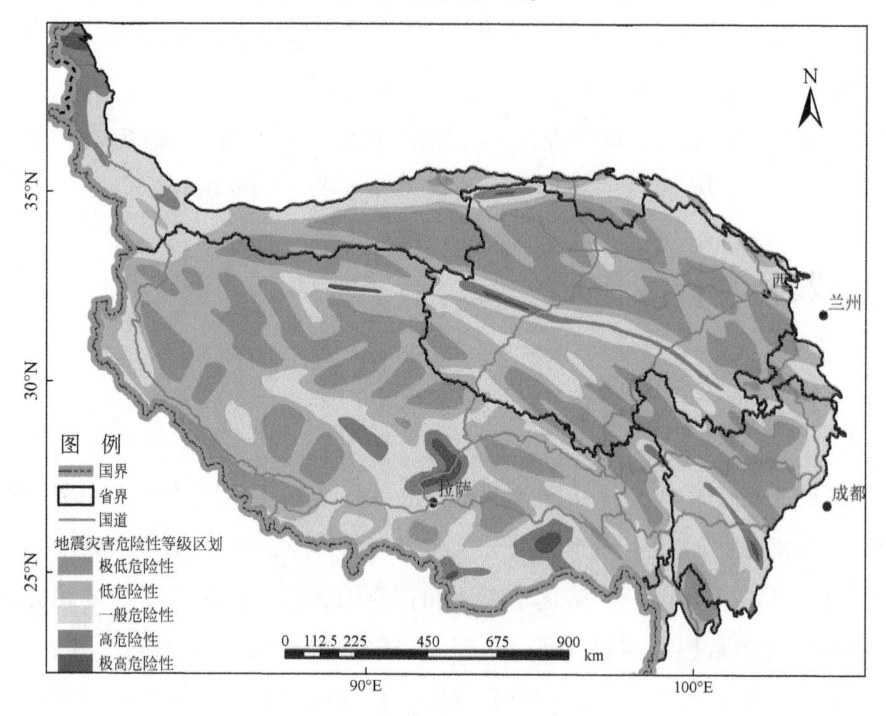

图 4-2 青藏高原地震灾害危险性区划

(二) 地震灾害易损性评估

利用易损性计算公式（4-2），将国内生产总值与人口密度进行归一化处理，然后计算其地震灾害易损性，将其评估结果划分为5级，得到地震灾害的易损性区划图（图4-3）。评估结果显示，高原东部外缘地区、拉萨周边、滇西北、川西南的地震灾害易损性处于高值区，特别是高原东北部的湟水流域、甘南南部处于易损性极高值区。相反，青藏铁路以西大片区域，以及高原西北部、藏东南南部、川西部分区域则处于相对较低的易损性区域。

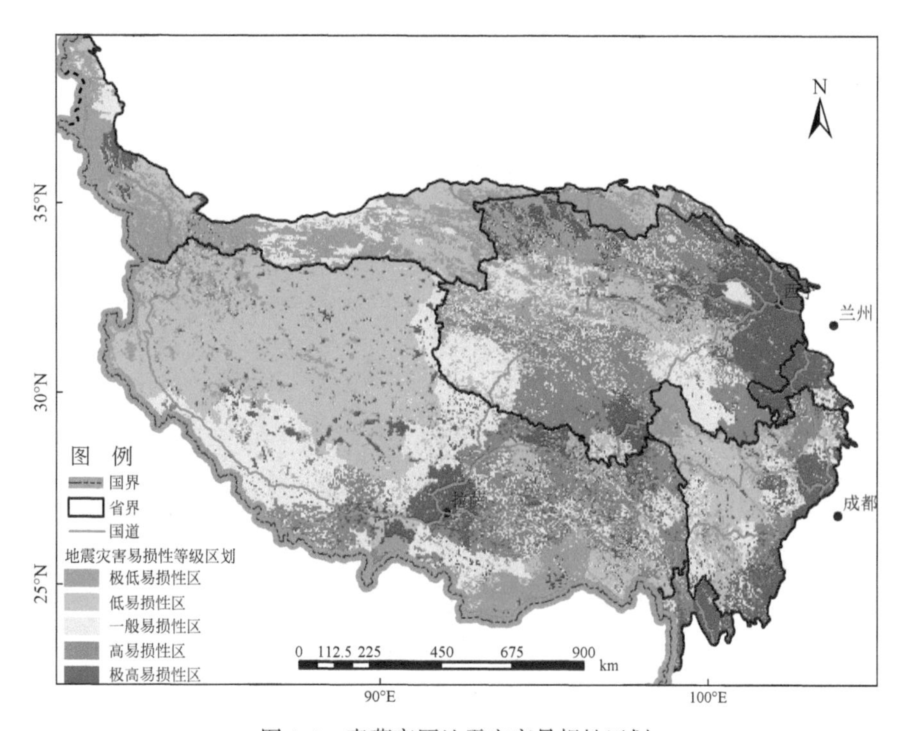

图4-3 青藏高原地震灾害易损性区划

(三) 地震灾害综合风险性评估

利用区域GDP与人口分布数据计算区域地质灾害的易损性，再利用综合风险模型计算出高原地震灾害综合风险。结果显示，地震灾害极低风险区域所占面积约为645 364 km^2，占比约为25.68%；低风险区域所占面积约为875 564 km^2，占比约为34.84%，中风险区域所占面积约为699 144 km^2，占比约为27.82%；高风险区域所占面积约为 154 556 km²，占比约为 6.15%；极高风险区域所占面积约为 138 471 km²，占比约为 5.51%。其中，西宁和拉萨均位于地震风险的极高等级区域。虽然地震灾害危险性分布呈现明显的带状分布，但风险性明显受到人口分布以及经济建设分布的影响（图 4-4），其结果分布发生了很大变化。地震灾害综合风险高值区主要分布在青藏高原外围地区，以及西藏拉萨周边、青海西宁周边、甘肃西南部、云南西北部以及四川西北部九寨沟–汶川一线（图 4-4）。

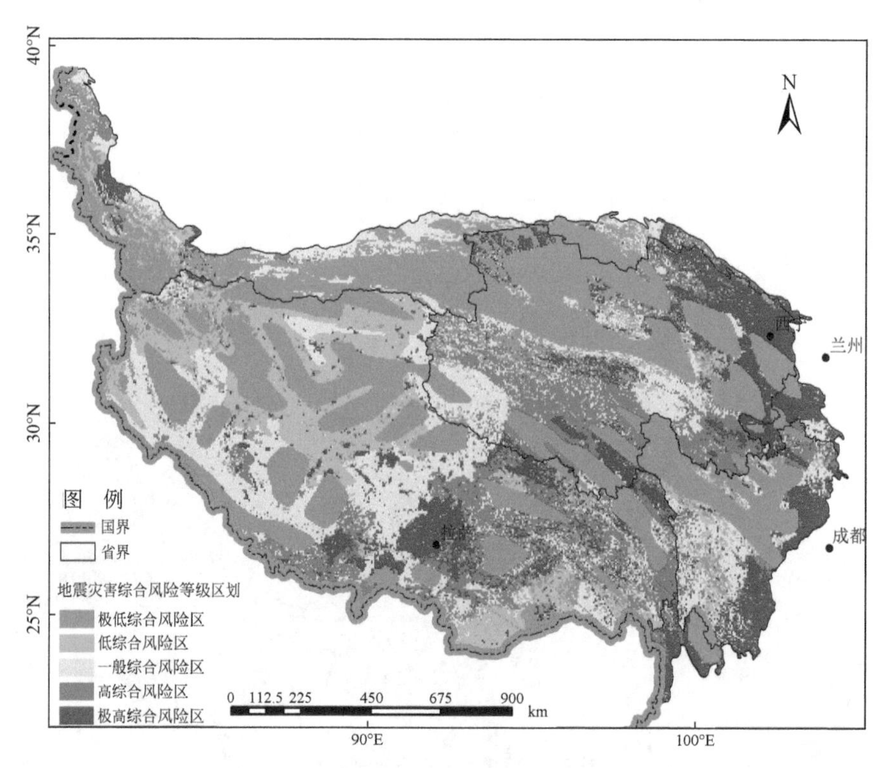

图 4-4　青藏高原地震灾害综合风险性区划

六、综合风险防范

地震灾害是我国自然界众灾之首，其巨大的破坏力，可瞬间使成千上万生灵伤亡，所以做好地震灾害的综合防范工作，采取积极有效的应对措施，减轻地震带来的灾害，具有重大的社会效益与经济效益。

（一）城镇防震减灾能力评价体系与风险评估

地震灾害主要影响人口密集区的城镇，因此急需加强城镇防震减灾能力评价体系。城镇防震减灾能力评价，需围绕三个评价准则，对影响城镇防震减灾能力的社会、政治、经济、科学与工程以及各种非工程因素进行详尽研究。例如，城镇地震危险性评价能力、地震监测预报能力、城镇工程抗震能力、城镇社会经济防灾能力、非工程减灾能力及震后应急和恢复能力。同时，需要详细列出这六大因素的具体子因素，用一些简单、可测量的指标来代表这些因素和子因素，最终形成评价城镇防震减灾能力的框架体系。

通过开展地震灾害的危险性以及风险性评估，提高区域地震灾害风险防控水平。对受地质灾害威胁的重要乡村、重大工程等进行详细调查，根据地质灾害的风险区划图，制订相应的地震灾害防灾减灾方案，制订相应的临灾预案，并提前规划好逃避地点以及逃生路线等措施与方案。另外，根据地质灾害的风险区划，对重大地质灾害进行工程治理，并建立地震灾害监测预警系统，提高地质灾害风险防御能力。

（二）提高地震灾害监测预报与抗御能力

加强青藏高原主要城镇区域的地震监测台网密度，提高地震的预报能力，合理安排各项建设工程，避开地震灾害的高风险区。震前的预报包括地震发生的位置、时间以及强度的预测，地震灾害链的预测，地震可能造成的损失预测，最后进行地震预警等级的确定以及预警信息的发布，并启动应急预案。

地震的难预测性是造成地震巨灾的主要原因，而地震频发区建（构）筑物设防标准、等级结构低下则是造成地震危害巨大的另一原因。未来，应提升各类建（构）筑物抗震设防标准，以确保建（构）筑物具备一定的防御地震的能力（冯梓剑，2016）。要注重建筑物抗震技术研发，规范建筑抗震标准，将学校、医院等城市基础设施作为重点规范对象。

（三）地震灾害的应急处置

根据地震灾害的风险评估，制订相应的应急预案，包括灾害评估、应急响应与灾后恢复。灾害评估包括地震灾变评估、人员伤亡评估、重大工程和建筑的损失评估以及次生灾害的损失评估。应急响应包括人员的应急疏散与避难方案、人员抢救与医疗援助方案、重大工程与建筑设施的抢险及抢修方案、应急物资的调运方案以及次生灾害的防御方案。灾后恢复包括保障过渡性住所安置、完善配套生活保障设施、提供过渡性安置资金和物资、重大工程建筑设施的修复方案、受灾群众心理援助以及灾区生产与教学秩序的恢复方案等的制订。

（四）地震灾害风险防范的科普

对地震灾害的高风险区居民，加强地质灾害的风险防范宣传与教育。普及地质灾害的相关知识，提高民众在地质灾害发生时的自我逃生能力，提高居民的地质灾害风险防范意识与能力。定期进行临灾逃生演练，提高居民灾害应急避难的能力。同时，提高地方减灾人员的基本技能，建立地质灾害风险防范的专业技术人员与居民相结合的地质灾害监测预警、信息发布、临灾预警、应急处置防范体系，提高地质灾害的风险管理能力。例如，地震频发国日本向民众长期普及防震救灾科普知识，并设立了全国防灾日和全国防灾周。日本全国各地则设有多处地震博物馆和科普馆，并向公众开放。

（五）地震灾害保险体系的建立

中国并非地震发生频率最高的国家，但却是世界上地震损失最高的国家。面对巨灾，民众应对能力极为有限。亟须国家建立地震保险体系，将政府巨大的防灾减灾和恢复重建分散至企业、社会，这不仅减轻政府的财政负担，而且将快速恢复灾区社会稳定和正常的生产生活。例如，日本自 1964 年新潟发生 7.5 级地震后，便颁布了《地震保险法》，该保险体系的建立基于政府支持下的再保险，并经历了多次改进和细化，并修订了保险费率（温家洪等，2010）。建立中国地震灾害保险体系，必将大大降低民众巨大灾损，也有利于推进灾后恢复建设进程。

第五章　滑坡泥石流地质灾害

一、定义与内涵

滑坡泥石流是降雨、冰湖溃决、冰雪洪水、地震等外因驱动下发生的一种流体在重力作用下沿陡峻沟坡运动的自然现象，是全球分布广泛的突发性地质灾害，常分布于山区和丘陵区（李德基，1997）。滑坡泥石流的主要驱动力是强降雨和冰湖溃决（含水坝溃决），是固态和液态物质共同作用下，在有一定海拔高差的沟谷或坡面形成的历时短、危害大的地质灾害，其类型主要包括沟谷型泥石流和坡面型泥石流，还可以细分为滑坡坝溃决、工程弃渣溃决、尾矿坝溃决、冰湖坝溃决和堆积体滑塌侵蚀等类型（刘传正，2014）。滑坡泥石流一般具有暴发突然、流动速度快、冲击能力强、运行距离远和难以预报的特点（Jakob and Hungr，2004），常对沟谷下游人口、村落、基础设施、路网等造成巨大危害。滑坡泥石流灾害是强降雨、冰湖溃决、地震、地形地貌、地质岩性、承灾体分布等多因素共同作用的结果，其中强降雨是灾害发生的关键驱动因素。如同其他灾种防灾减灾一样，滑坡泥石流灾害综合风险研究也需要多学科、多方法技术交叉研究，其目的旨在深化滑坡泥石流成灾机理的认知，深化滑坡泥石流灾前预警系统改进，提升全社会防范地质灾害的意识和风险管控能力（Kyoji，2014）。

二、数据与方法

（一）数据

在综合分析研究区域地质地貌、地质构造、新构造运动和岩土体工程地质性质的基础上，结合气象水文条件，充分分析收集到的各类地质灾害点的发育规律及分布特征，对不同地区所发生的地质灾害组合类型进行深入研究，建立基于GIS的子系统综合模型，对高原各地区进行滑坡泥石流灾害综合风险评估与区划，详细阐述各分区地质灾害的形成、分布、危害、生成规律、预测和防治对策。该研究成果为开展青藏高原地区地质灾害预警及地质环境整治提供了基础资料，为我国西部大开发、西部国民经济建设规划布局及国土整治提供科学依据。

1. 基础地理数据

地层岩性与断层数据来源于1∶50万青海省、西藏自治区、四川省地质图和1∶250万中国地质图。DEM数据来源于中国科学院计算机网络信息中心国际科学数据镜像网站SRTM DEM 90 m分辨率高程数据。

滑坡泥石流等地质灾害点数据来源于国家地球系统科学数据共享服务平台，中国1∶600万滑坡泥石流空间分布数据（1989年）。滑坡泥石流等地质灾害损失数据来源于历年《全国地质灾害通报》。气象数据为青藏高原1971～2005年的年均降雨量，原始气象站台站的降水数据来源于国家气象信息中心。对于降水数据，将观测的空间点状数据进行空间插值处理，之后再重采样至7.9 km×7.9 km的栅格。

2. 人口经济数据

经济社会资料和数据来源于2010～2015年青藏高原各省（自治区）、地市州及各县统计年鉴，其数据包括人口、国内生产总值（GDP）等，该资料用于承灾区暴露性、敏感性和适应性指标的提取与赋值。

（二）风险等级划分

滑坡泥石流灾害危险性因子主要包括坡度、地层岩性、断层，以及地震、降雨、冰雪融水、人类活动扰动等激发因素（崔鹏等，2015）。由于缺乏冰雪融水的实测资料，同时地震危险性在第四章已作评价，为避免多灾种综合评价中致灾因子的重复，本书仅对降雨激发滑坡泥石流进行评估，因而选择年降雨量作为激发因素的评估因子。通过滑坡泥石流灾害成因分析，确定滑坡泥石流灾害危险性评估因子分级指标（表5-1）。结合滑坡泥石流危险性和易损性构成，最终将滑坡泥石流灾害综合风险划分为五级，分别为极低风险、低风险、中风险、高风险和极高风险（表5-2）。

表 5-1　滑坡泥石流灾害危险性评估因子分级指标

灾种	因素	危险级别				
		极高	高	中	低	极低
滑坡泥石流	坡度（°）	45～55	35～45	25～35	15～25	<15，>65
	工程岩组	极软弱	软弱	较软	较硬	坚硬
	距断层距离（km）	>25	15～25	10～15	5～10	<5
	年降水量（mm）	>700	450～700	250～450	100～250	<100

表 5-2　滑坡泥石流灾害综合风险等级划分

风险构成	极低风险	低风险	中风险	高风险	极高风险
滑坡泥石流	滑坡泥石流灾害风险极低，对当地的生命财产、农业生产等经济活动影响轻微	滑坡泥石流灾害风险较低，对当地的生命财产、农业生产等经济活动影响较低	滑坡泥石流灾害风险中等，影响当地的生命财产、农业生产等经济活动	滑坡泥石流灾害风险较高，对当地的生命财产、农业生产等经济活动影响较高	滑坡泥石流灾害风险极高，严重影响当地的生命财产、农业生产等经济活动

（三）滑坡泥石流灾害综合风险评估方法

1. 危险性评估

逻辑回归（logistic regression，LR）模型作为因变量是一个二值变量回归分析计算，是多个变量和自变量之间的多个回归关系的结果，用于预测区域内某个事件发生的概率。逻辑回归优点是统计分析时，自变量不局限于连续或者离散，变量没有必要完全符合正态分布（刘艺梁等，2010）。影响滑坡泥石流灾害的数据（岩性、土壤类型、植被覆盖度、坡度、坡向、海拔和人类活动）可作为自变量进行滑坡泥石流分析与评价，而是否发生滑坡泥石流灾害，可以作为分类变量（丛威青等，2006）（0 代表灾害不会发生，1 代表灾害发生）。基于逻辑回归模型的非线性特点，大量的研究表明，该模型对滑坡泥石流灾害评价有比较高的准确性（Ohlmacher and Davis，2003）。设 P 为滑坡泥石流发生概率，取值范围为（0，1）。$1-P$ 即为滑坡泥石流不发生概率。当 P 值接近 0 或 1，P 的变化很难被体现出来，所以就需要 P 值转化。通常取 $P/(1-P)$ 的自然对数 $\ln[P/(1-P)]$，也就是 P 的 logit 转换，表示为 logit（P），此时，logit（P）值的范围在（$-\infty$，$+\infty$）。以 P 为因变量，线性回归方程为

$$\mathrm{logit}(P) = \log\left(\frac{P}{1 - P}\right) = \alpha + \beta_1 x_1 + \cdots + \beta_m x_m \tag{5-1}$$

或

$$P = \frac{\exp(\alpha + \beta_1 x_1 + \beta_2 x_2 + \cdots + \beta_m x_m)}{1 + \exp(\alpha + \beta_1 x_1 + \beta_2 x_2 + \cdots + \beta_m x_m)} \tag{5-2}$$

$$1 - P = \frac{1}{1 + \exp(\alpha + \beta_1 x_1 + \beta_2 x_2 + \cdots + \beta_m x_m)} \tag{5-3}$$

此逻辑回归模型中，α 为常数。β_1，β_2，…，β_m 为逻辑回归系数，表示其他自变量取值保持不变时，该自变量增加一个单位引起比数比自然对数值的变化量（王世金等，2014）。在建立模型之后，经过计算与预测，得到的最终回归关系结果并不能直接运用到滑坡泥石流的危险性评价中来。

由于不清楚回归方程是否真正反映了变量之间的关系，必须验证其显著性。显著性概率（Sig）：Sig 值表示计算结果显著性水平，Sig 值越小总体样本中自变量差异越显著。标准差（S. E）：S. E 表示估计取值的波动程度。回归系数检验的统计量值（Wald）：通常 Sig 值越小或 Wald 值越大，自变量在回归方程中越重要。

2. 易损性与综合风险评价

滑坡泥石流灾害易损性评价、综合风险评估方法如同地震灾害［式（4-2）、式（4-3）］。数据转化和风险等级划分标准均与地震灾害综合风险评估模型一致，其划分标准是利用自然断点法分成极低风险、低风险、中风险、高风险和极高风险五个综合风险等级。

三、致灾机理分析

青藏高原滑坡泥石流分布广泛、类型较多、灾害成因复杂。综合高原历史滑坡泥石流灾害时空特征分析和典型滑坡勘察，基本可以认为，地形地貌、地质构造、岩土条件、土壤侵蚀等是滑坡泥石流灾害形成的基础条件，而水文、降雨（特别是暴雨）、地震、构造活动、人类活动（砍伐森林、采矿、修水库、土地利用变化等）等因素则是其发生的外部诱因。一般情况下，滑坡泥石流灾害的发生往往是基础条件和外部诱因动态因素组合的结果。总体上，滑坡泥石流致灾条件可以分为以下四个方面。

（一）地形条件

地形地貌是滑坡泥石流发育的空间因素，青藏高原平均海拔在4500 m以上，高山和极高山分部众多、水系密布，特别是高原外围地带，青藏高原不断隆升带来边缘地带地势变异加剧，沟谷快速下切，形成高山深沟地貌，相对高差大、坡度陡、纵比降高为该区滑坡泥石流的发生提供了巨大高差势能。斜坡坡度、坡高和坡形等几何形状，不仅决定这些斜坡体内的应力大小和分布，而且决定斜坡的稳定性及破坏类型等（Johnson and Rodine，1984；Tang and Zhu，2003；Gao and Sang，2017）。

斜坡坡度越高、越陡，山谷应力越集中，斜坡稳定性能越差，发生变形破坏的可能性越大；坡度为20°~40°的斜坡较利于滑坡的发育。坡向对滑坡泥石流发育也有一定影响（Ercanoglu and Gokceoglu，2004；Lee et al.，2004）。因山谷水气运移和温差，阳坡和阴坡降雨存在差异，降雨和泥石流主要发育在迎风坡，且坡向多在南向以及西南向的阳坡（Zeng et al.，2010）。

（二）地质条件

1. 断层

断层决定了滑坡沿大断裂发育分布，断层处往往地形变陡、岩体结构破碎、地下水作用强烈，在距离断层较近地方（特别是5~10 km），滑坡点分布密集；在远离断层构造带，滑坡点分布则较少。由于断层处活动性强，岩体内部节理化作用剧烈，或产生层间滑动，常造成岩体结构松弛，岩体力学强度降低。有时，这些结构面常形成一个连续的软弱结构面，并形成滑坡体的滑面。

同时，断层通过一定的挤压、剪切等作用力使其岩体黏聚力下降，在风化作用下各种结构面破碎严重，结构面常形成地表水入渗的良好通道，且极易富集地表水，这为滑坡泥石流的发生提供了水源和物源条件。例如，青藏高原东缘白龙江流域发育的鲁班崖滑坡、秦峪滑坡等均存在不同程度的泉水出露，这些泉水浸泡软化相对隔水层，使其力学强度降低，同时，泉水在此面上富集，增加滑体重量，在强降雨和松散物质驱动下，滑坡泥石流极易发生（陈冠，2014）。

2. 岩性

岩土体是滑坡泥石流产生的物源，其类型、性质、结构及构造特征对地质灾害的发育和发生具有决定性作用。事实证明，滑坡泥石流灾害与地层岩性关系极为密切，且主要分布在软弱的岩层和松散的第四纪堆积中（唐川和朱静，1999）。岩土的力学性质一般由其类型决定，不同类型岩土体，其斜坡失稳所需边界条件和外界诱发强度各异。

青藏高原地层岩性较软弱，其从奥陶系到第四系地层均有分布，岩性主要为千枚岩、灰岩、板岩及黄土等岩层。高原软硬相间的岩层分布特征，决定了软岩层易风化、抗剪强度低，同时决定了该岩层是较好的隔水层，这些因素为未来滑坡面的形成提供了地质条件。青藏高原因受长期构造作用和强烈风化作用的影响，岩质斜坡稳定性大为降低，区内发育的基岩滑坡泥石流与上述软弱易滑地层和岩性关系密切（陈冠，2014）。

3. 地震

地震作为新构造运动的表现形式，是滑坡泥石流次生灾害的重要诱发因素。地震引起的强振动使岩土体抗剪强度降低，强烈破坏地面稳定性，增加了坡面松散堆积物，加之震前震后异常天气，常引发滑坡泥石流的发生（郭进京和韩文峰，2008）。青藏高原地区是中国最大的地震区，区内地震活动强烈，大地震频繁发生。据统计，该区曾发生 9 次 8 级以上地震，78 次 7 ~ 7.9 级地震。由于高原地形起伏不平的地形条件，其地震作用力常造成斜坡失稳，当斜坡滑面存在地下水或其他水体时，斜坡在地震影响下极易发生滑坡泥石流。

历史上，海原、古浪和墨脱地震等事件使该区滑坡泥石流长时间发育。2008 年汶川地震便造成区内大量岩土体失稳，进而加剧了崩塌、滑坡、地裂缝等地质事件的接连发生。

（三）降水、水文条件

滑坡泥石流灾害与降水关系已经得到广大学者论证（崔鹏等，2005；匡乐红，2006）。降水是滑坡泥石流灾害发生的直接激发因素，其降水量、强度与时间和泥石流灾害危害程度息息相关，其中，多雨、集中降雨和暴雨是引发泥石流灾害的主要诱因。一般说来降水强度越大，危险程度也越高。该区降水空间差异较大，降水水平分布与垂直分带性差异明显。一定松散物质、地形条件、降水强度是泥石流发生的必然条件。青藏高原 6 ~ 9 月份为雨季，而滑坡泥石流高发期也集中在该时期，降水量大的地方，其滑坡泥石流更为发育。降水主要增加了坡面滑坡体重量，并通过渗入坡体降水，使岩土体产生孔隙水压力，进而降低了岩土体应力和抗剪强度。同时，降水还存在软化隔水层岩土层的作用，使其强度降低、斜坡失稳。当然，一些滑坡泥石流的形成与地下水活动也存在一定关系。地下水作用主要体现在使地层软化，降低强度以及润滑结构面促使滑动（陈冠，2014）。

（四）人类活动

人类活动是另一个影响滑坡泥石流发生的重要驱动因子。例如，开挖斜坡坡脚、挖空坡体内部等行为可以改变斜坡原有应力分布，使斜坡在降水驱动下极易形成滑坡泥石流事件。青藏高原边缘区域，多为高山峡谷，受地形条件制约，村落和基础设施多选择在较宽阔的河谷。一般情况，斜坡具有一定的稳定性，一般不会发生重大滑坡崩塌等事件。然而，在一定的人类活动胁迫下，斜坡会失稳，进而发生滑坡。例如，一些斜坡在人工斩坡后，原有平衡态将会被打破，进而产生卸荷、拉张和风化裂隙，在强降雨背景下极易产生滑坡、崩塌、泥石流灾害。当然，人类活动还包括开挖路堑、改变地下水运动条件、修建水库、水渠等，这些活动均会改变坡体原有水文地质条件，并通过软化岸坡岩土体而诱发滑坡活动（唐川和朱静，1999）。

四、灾害时空特征

青藏高原藏东南、川西地区和青海东部地区，尤其是雅鲁藏布江中游地区、三江地区、横断山脉地区是滑坡泥石流的频发区，也是高危区，而人类活动较少的羌塘高原和柴达木盆地等高原腹地滑坡泥石流发生极少，属低危区。《全国地质灾害通报（2015）》显示，我国地质灾害主要有滑坡、泥石流、崩塌和地面沉降等多种类型。四川、云南和西藏位于青藏高原外围，山体相对高差巨大、地壳活动频繁，加之，降雨集中且强度大，极易诱发山体滑坡灾害，其灾害往往规模大、数量多和影响范围广（周福军，2013；单博，2014）。中国地质灾害常造成巨大的人员伤亡和经济损失，其直接经济损失高达数十亿元（表 5-3）。其中，滑坡灾害是我国最常发的地质灾害类型，分布范围广泛。

表 5-3　2001～2014 年中国地质灾害统计数据

年份	总灾害点数	滑坡	崩塌	泥石流	地面塌陷	地裂缝	地面沉降	受灾人数（人）	经济损失（10^8元）	
									总计	滑坡
2001	5 793							1 844	35.0	
2002	48 000							1 486	51.0	
2003	13 832							4 223	48.7	
2004	13 555	572	181	77	25	13		1 286	20.5	15.2
2005	17 751	9 359	7 654	566	137	20	15	1 021	36.5	20.1
2006	102 814	88 523	13 160	417	398	271	35	1 353	44.0	25.9
2007	25 364	15 478	7 755	1 215	578	225	146	1 204	24.8	17.3
2008	26 580	13 450	8 080	443	451			1 598	32.7	21.4
2009	10 840	6 657	2 309	1 426	316	115	17	956	17.7	10.5
2010	30 670	22 329	5 575	1 988	499	238	41	4 118	63.9	44.1
2011	15 664	11 490	2 319	1 380	360	86	29	415	40.1	28.4
2012	14 322	10 888	2 088	922	347	55	22	634	52.8	39.1
2013	15 403	9 849	3 313	1 541	371	301	28	1 121	102.0	68.7
2014	10 907	8 128	1 872	543	302	51	11	618	54.1	

注：表中数据来源于中华人民共和国地质环境监测院网页上发布的全国地质灾害通报。

“青藏高原生态地质环境遥感调查与监测”项目（2003～2010 年）利用现代遥感技术手段，在青藏高原开展了 261.5 km^2 地质灾害遥感调查，完成地质灾害解译点 3259 个。其中，新解译灾害点 2700 个，野外调查灾害点 48 个，资料收集 511 个。经分类统计，青藏高原全区崩塌灾害 418 个，滑坡灾害 663 个，泥石流灾害 2178 个。结果表明，地质灾害主要分布于西藏、青海和四川境内，其次为新疆、甘肃和云南。崩塌和滑坡主要分布在雅鲁藏布江中游地区、三江地区、横断山脉地区和湟水河流域；而泥石流则主要分布于祁连山、昆仑山、喀喇昆仑山、喜马拉雅山冰雪分布较多区。崩塌和滑坡常发生在公路两侧和河流两岸，特别是河流侵蚀岸；而泥石流大多分布于山谷与平原交界处（即坡降由陡变缓）谷口附近，其中，林芝段的雅鲁藏布江凹岸崩塌和滑坡最为发育，也可能是高原区内地质灾害分布最为密集的地段。崩塌和滑坡主要分布在雅鲁藏布江水系、怒江、澜沧江和长江水系，而泥石流主要分布在柴达木内陆水系和羌塘高原内陆水系。崩塌和滑坡主要分布在湿润、半湿润区，而泥石流却主要分布于干旱区（中国地调局航遥中心，2014）。

以喜马拉雅山南坡面积70 km^2的樟木镇为例，20世纪80年代以来，滑坡、崩塌、泥石流和冰湖溃决等灾害频繁发生。先后发生了樟木口岸滑坡、707滑坡、札木拉山滑坡，滑坡区域面积达1.5 km^2以上。进入21世纪后，滑坡加剧，滑坡区民房、道路频繁受损。仅2012年7月8日的一场暴雨，就导致樟木镇区内发生了5处滑坡灾害。自从中尼公路通车以来，樟木镇—友谊桥段13.6 km的公路每年都发生小规模滑坡泥石流灾害，平均每年断道20天以上。区域内暴雨泥石流灾害也频繁发生。例如，1970年夏和2008年夏发生的樟木镇电厂沟特大规模泥石流，造成了2人死亡和电站损毁。

2000年4月9日，西藏自治区林芝地区波密县扎木弄沟发生特大型山体崩塌滑坡，滑坡堆积体长宽各2.50 km、平均高度60 m，面积约5 km^2，最厚达100 m，平均厚60 m，体积2.8亿~3.0亿 m^3，滑坡体的体积、规模、滑程居国内首位、世界第三（仅次于加拿大道宁滑坡和意大利瓦伊昂滑坡）。滑坡堆积体形成天然坝，阻塞易贡藏布河床，形成了易贡滑坡堰塞湖。自4月9日起，易贡湖水位持续上涨62天，拦蓄水量约30亿 m^3；湖水于6月8日经人工引水渠道开始泄流，最高湖水位出现在6月10日19时，之后堆积体陆续溃决泄洪，6月10日19时至11日8时，水位下降45.02 m，平均每小时下降3.2 m；水位最大降幅出现在11日2~3时，高达每小时7.31 m，最大下泄流量12.1万 m^3/s。此次溃决洪水，从溃决至泄空，整个过程持续24小时，湖水位下降58 m，库容从30亿 m^3降至0.6亿 m^3。伴随着溃决洪水的形成和发生，湖区及沿江两岸形成多方面的次生灾害。

五、综合风险评估

（一）滑坡泥石流灾害危险性评估

从青藏高原滑坡、泥石流灾害空间分布来看，其主要分布在南疆、藏东南、川西地区和青海东部地区，尤其是雅鲁藏布江中游地区、三江源、横断山脉地区和湟水河流域，青藏高原腹地，特别是高原西北部滑坡泥石流灾害较少（图5-1）。

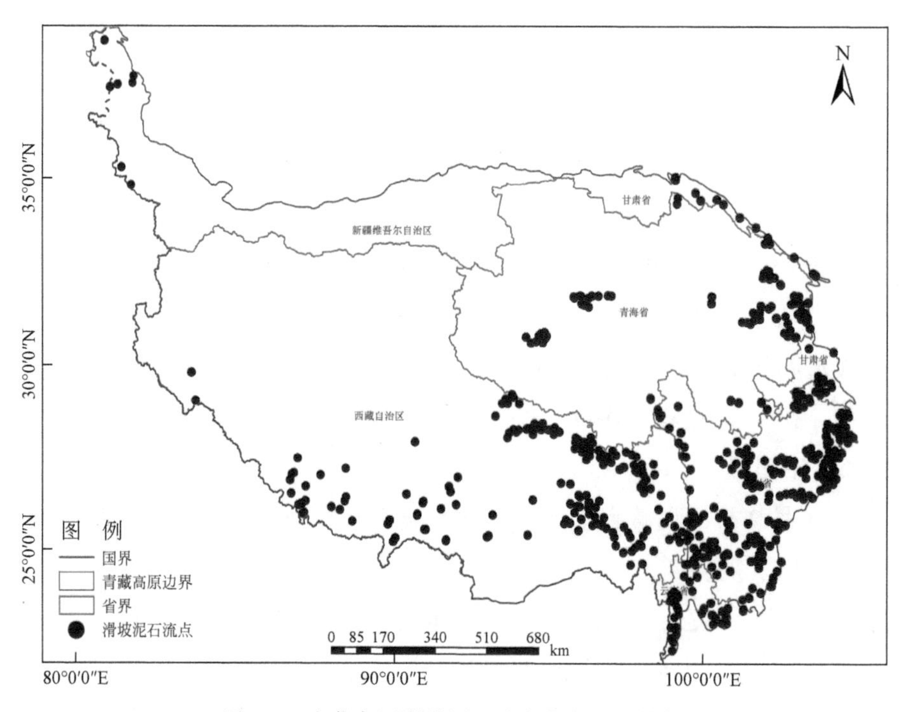

图 5-1 青藏高原滑坡泥石流灾害点空间分布

在青藏公路、川藏公路、滇藏公路和新藏公路沿线也分布有大量的滑坡泥石流点。特别是在川藏公路沿线和青藏高原外围区域人口密集、经济活动强烈、基础设施较多，在频发滑坡泥石流事件影响下，其潜在危害巨大。本书选取滑坡泥石流灾害致灾因子坡度、地层岩性、距断层距离以及年降水量作为危险性评估指标，不同指标分级标准见表 5-1。以下重点分析不同危险性评估指标与灾害点频数的关系。

1. 坡度因子与滑坡泥石流分布关系

坡度和滑坡泥石流的关系，一方面可以反映流域内的汇流能力，另一方面影响坡体的稳定性（图 5-2）。一般随着坡度增加，坡体的势能增大，滑坡发生的概率也会增加，且能够为泥石流提供松散物质。利用区域 DEM 提取区域坡度图（图 5-3），从整体上看，青藏高原东南部、西北部地区坡度相对较高，对不同级别的坡度统计滑坡、泥石流的分布情况可知灾害点主要分布在 30°～40°。

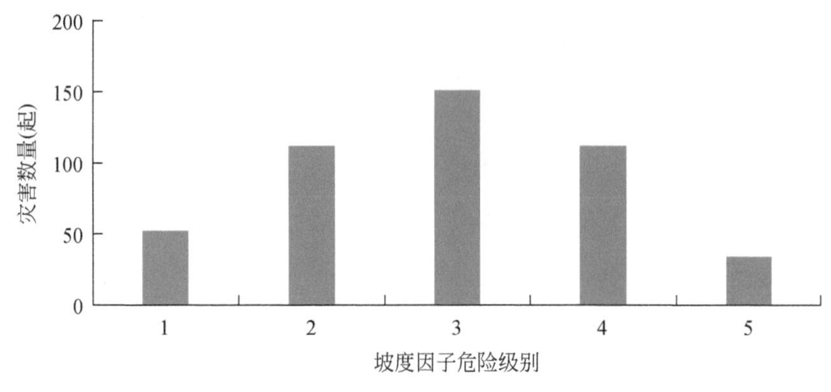

图 5-2 坡度因子与滑坡泥石流分布关系

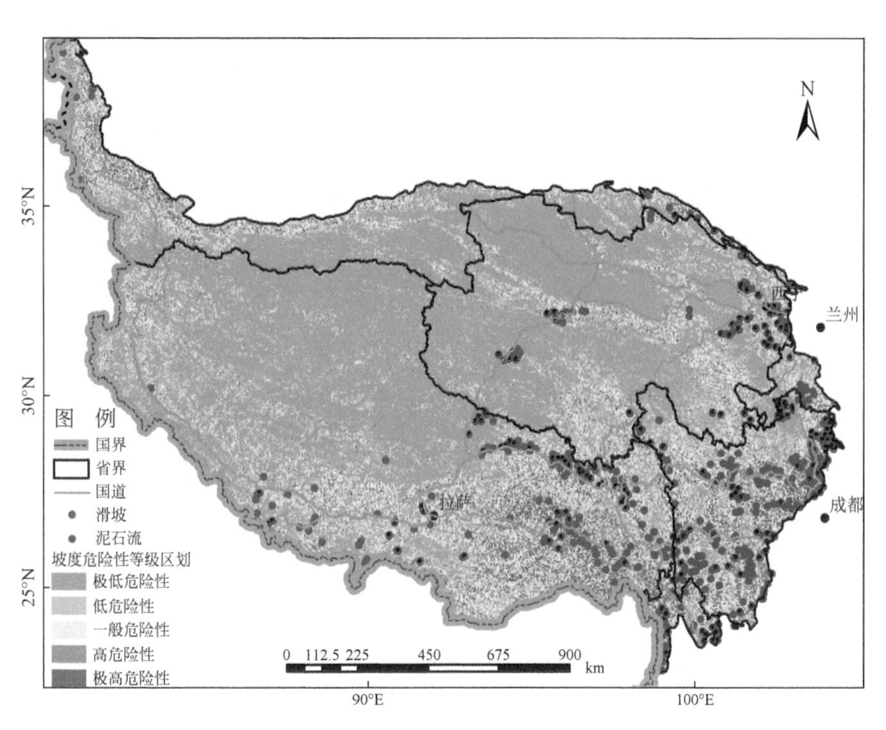

图 5-3 青藏高原坡度危险级别区划

2. 岩性因子与滑坡泥石流分布关系

岩性与滑坡泥石流灾害有着密切的关系，越软弱的地层越容易孕育滑坡和泥石流，成为滑坡的主要滑动面以及泥石流的松散物质来源。研究区地层从寒武系到第四系均有出露。高原滑坡泥石流灾害发生与第四系松散堆积物和破碎带、软弱岩组息息有关，与基岩类型和岩性也有密切关系。青藏高原东部西宁、兰州等地区黄土等第四系松散堆积物广泛分布，青藏高原东缘及西南地区基岩山地区岩体破碎，这些都为滑坡泥石流的形成提供了丰富的物源条件。一般而言，同一岩组岩土体具有相似的地质属性，故将区域地层岩性按照软弱程度划分为五级（图5-4），包括：花岗岩、闪长岩、蛇绿岩等火成岩（极低）；砾岩、碎屑岩、砂岩等（低）；灰岩、大理岩、泥岩等（中）；千枚岩、板岩、片岩等变质岩（高）；冲洪积、粉砂、黄土等第四系松散堆积物（极高）。从统计图（图5-5）来看，滑坡泥石流灾害主要分布在岩性较为软弱的区域。

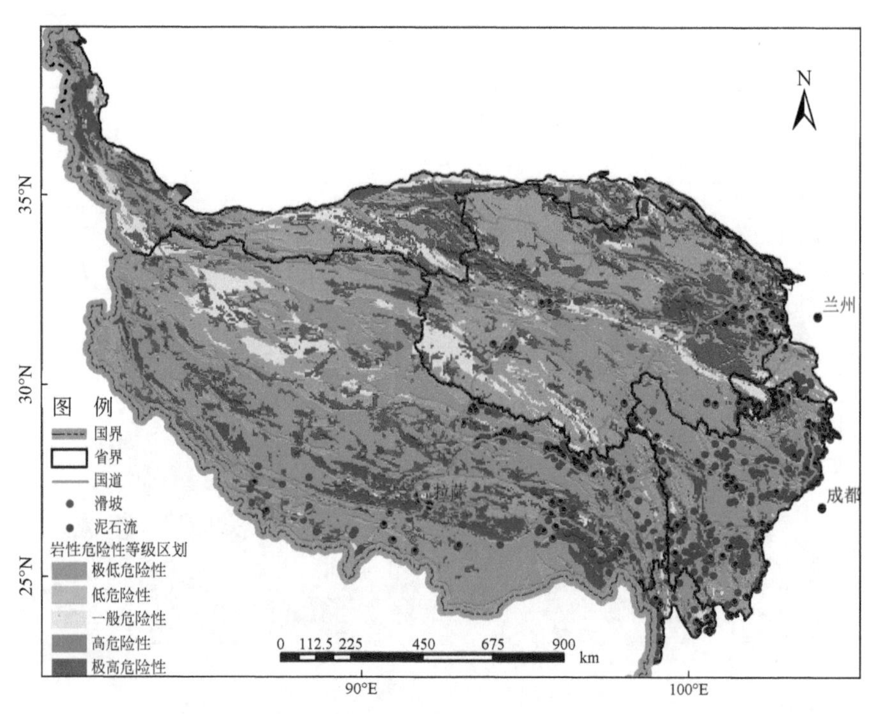

图5-4 青藏高原岩性危险级别区划

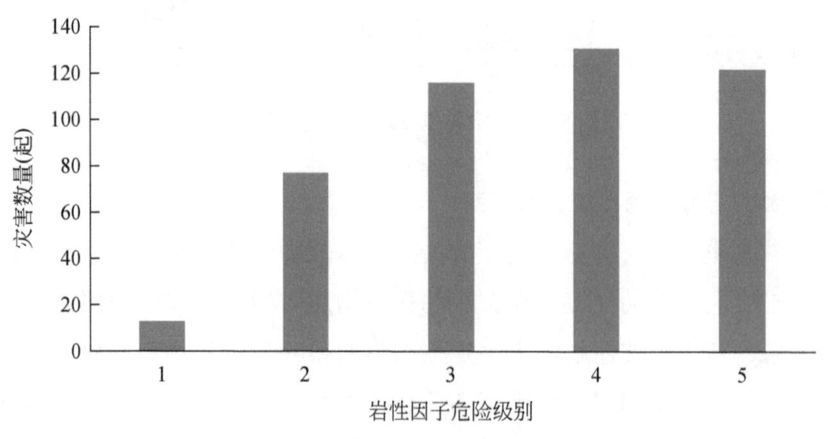

图5-5 岩性因子与滑坡泥石流分布关系

3. 断层因子与滑坡泥石流分布关系

断层的分布和滑坡泥石流灾害的分布有着密切的关系，断层处岩体破碎，容易发育滑坡和泥石流灾害。将断层因子按照距断层距离划分为五个等级（图 5-6），从统计图 5-7 来看，随着距断层距离的减小，滑坡泥石流的数量也随之增加。

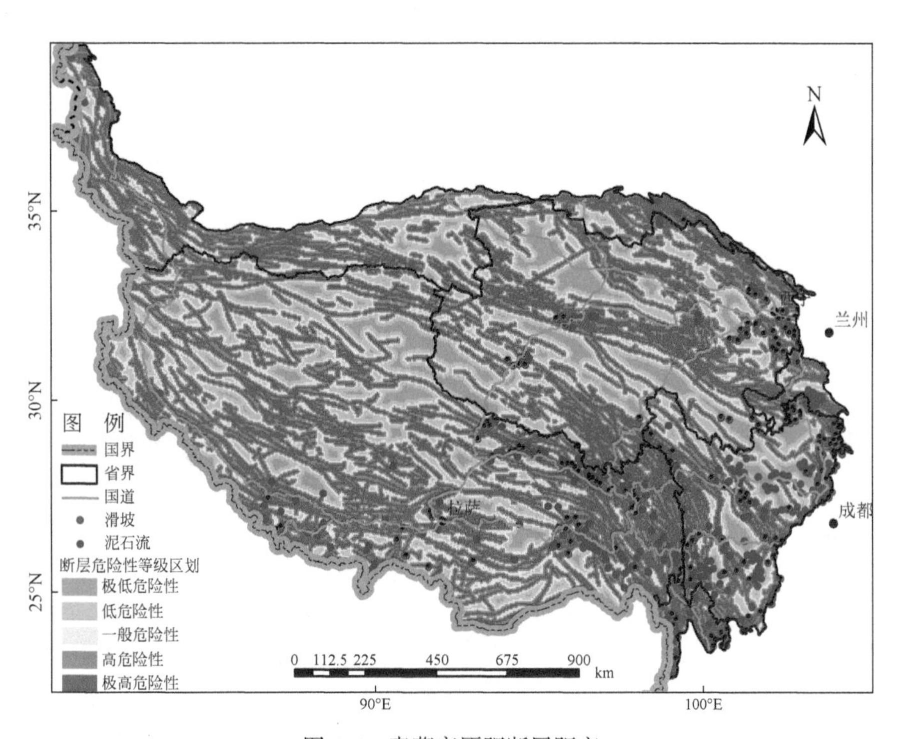

图 5-6 青藏高原距断层距离

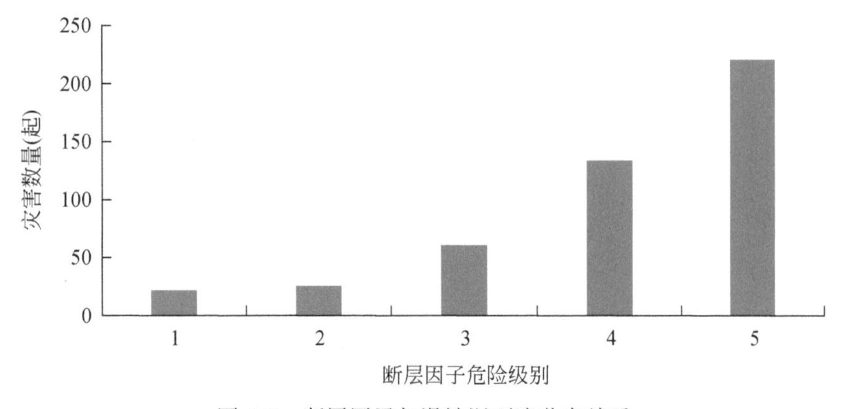

图 5-7 断层因子与滑坡泥石流分布关系

4. 降雨因子与滑坡泥石流分布关系

降雨因子与滑坡泥石流灾害有着极为密切的关系，是滑坡与泥石流灾害的触发因素，特别是降雨的强度和历时是滑坡泥石流的主要诱发因素。青藏高原地区的年均降雨从东南向西北呈现整体递减的趋势。将区域的年均降水量划分为5个级别（图5-8），从统计结果来看，随着年均降雨量的增加，滑坡泥石流灾害的数量也随之增加（图5-9）。

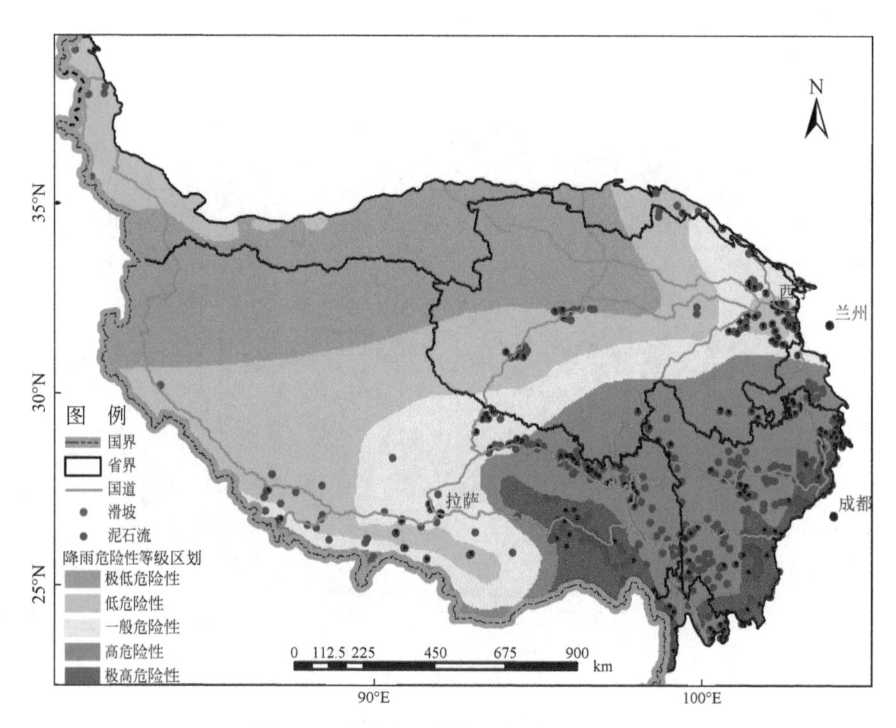

图5-8 青藏高原多年平均降雨量分布

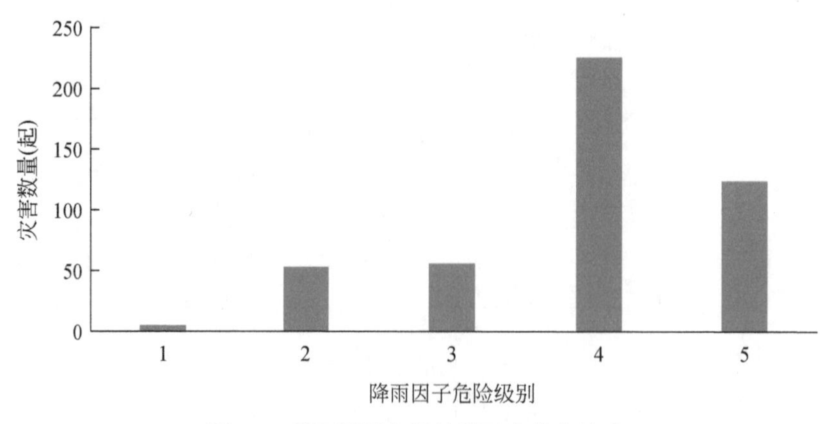

图5-9 降雨因子与滑坡泥石流分布关系

5. 滑坡泥石流危险性评估结果

在 ArcGIS 软件中，将研究区划分为 7.9 km×7.9 km 的网格，通过空间分析，将选取的滑坡泥石流致灾因子危险性属性值赋到网格中。采用逻辑回归模型，将是否是泥石流灾害作为二值变量，将坡度、断层、降雨、岩性作为自变量，预测每个网格发生滑坡、泥石流灾害的概率，并计算每个因子系数，以此计算每个网格滑坡泥石流灾害危险性程度。其中，滑坡泥石流灾害与降雨因子关系最为密切，其次是坡度和断层因子，最低的是岩性因子（表5-4）。当然，暴雨是泥石流发生的驱动因子，并不意味着是泥石流形成的关键因子。事实上，泥石流形成的关键因子是岩性，软性和松散物质的存在是降雨型泥石流产生的最主要条件。预测结果 ROC 曲线见图 5-10。

表 5-4　逻辑回归方程中变量

因子	B	S. E.	Wals	df	Sig.	Exp（B）
降雨	2.088	0.147	200.750	1	0.000	8.072
断层	0.564	0.153	13.665	1	0.000	1.758
坡度	1.481	0.175	71.230	1	0.000	4.397
岩性	0.397	0.160	6.137	1	0.013	1.487
常量	−7.373	0.182	1639.097	1	0.000	0.001

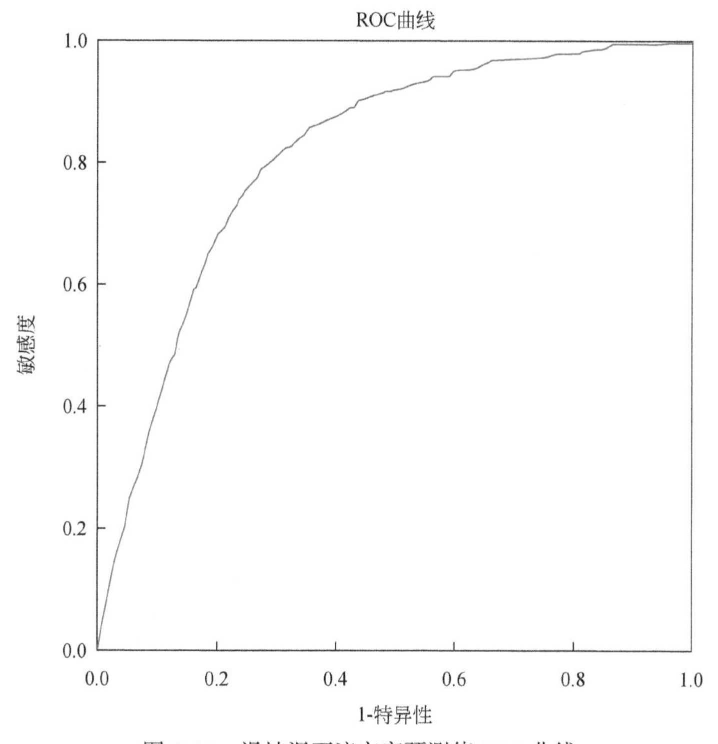

图 5-10　滑坡泥石流灾害预测值 ROC 曲线

区域滑坡泥石流灾害危险性程度评估结果显示，滑坡泥石流灾害危险度极低危险性区域所占面积为 87 500 km^2，约占比例为 3.5%；低危险性区域所占面积为 258 500 km^2，约占比例为 10.3%；中危险性区域所占面积为 183 325 km^2，约占比例为 7.3%；高危险性区域所占面积为 480 325 km^2，约占比例为 19.1%；极高危险性区域所占面积为 1 503 650 km^2，约占比例为 59.8%。较高危险区主要分布在青藏高原的东南部以及边缘地带，包括青海南部、四川西北部、甘肃西南部、云南西北部以及西藏东部，新疆西南部也有一小部分高危险区。由于青藏高原地区岩体破碎，黄土等第四系松散堆积物广泛分布，整个青藏高原地区具备较好的孕灾物质背景。因此，降雨对其危险性分区的影响最为明显，即在地质环境背景类似的条件下，降雨量越高，滑坡泥石流等地质灾害危险越高。危险性较高区域主要集中在年降雨量大于 700 mm 的区域。其次滑坡泥石流灾害危险性主要受到坡度的影响，青藏高原坡度较高的区域主要分布在青藏高原东南部分、西北部分以及边缘地区向黄土高原、云贵高原过渡的区域（图 5-11）。

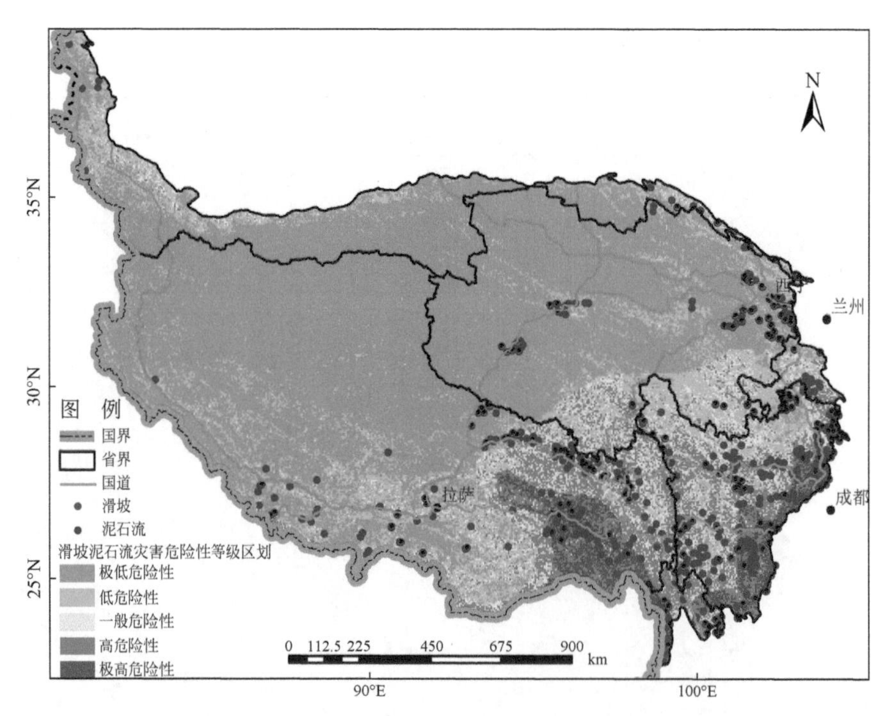

图 5-11　青藏高原滑坡泥石流灾害危险性等级区划

（二）滑坡泥石流灾害易损性评估

滑坡泥石流灾害与地震灾害承灾体大体雷同，主要集中在人口、经济密度两方面，因子评估方法也一致。滑坡泥石流灾害易损性的评估模型为多因子符合函数，在此选取式（4-2）进行评估。滑坡泥石流灾害易损性等级区划与地震灾害类似，分析从略。

（三）滑坡泥石流灾害综合风险评估

利用区域 GDP 与人口分布数据计算区域地质灾害的易损性，再利用综合风险性计算公式计算出区域滑坡泥石流灾害的综合风险性分布（图 5-12），结果显示，在省级尺度，以云南省、四川省泥石流滑坡灾害综合风险程度最为严重，在地市州尺度，滑坡泥石流灾害极高风险区主要位于四川阿坝藏族羌族自治州、甘孜藏族自治州、凉山彝族自治州、攀枝花市、绵阳市、成都市，云南怒江傈僳族自治州、迪庆藏族自治州、丽江市，西藏自治区拉萨市、林芝市、山南市、昌都市，青海省西宁市、海东市、黄南藏族自治州和玉树藏族自治州，甘肃省甘南藏族自

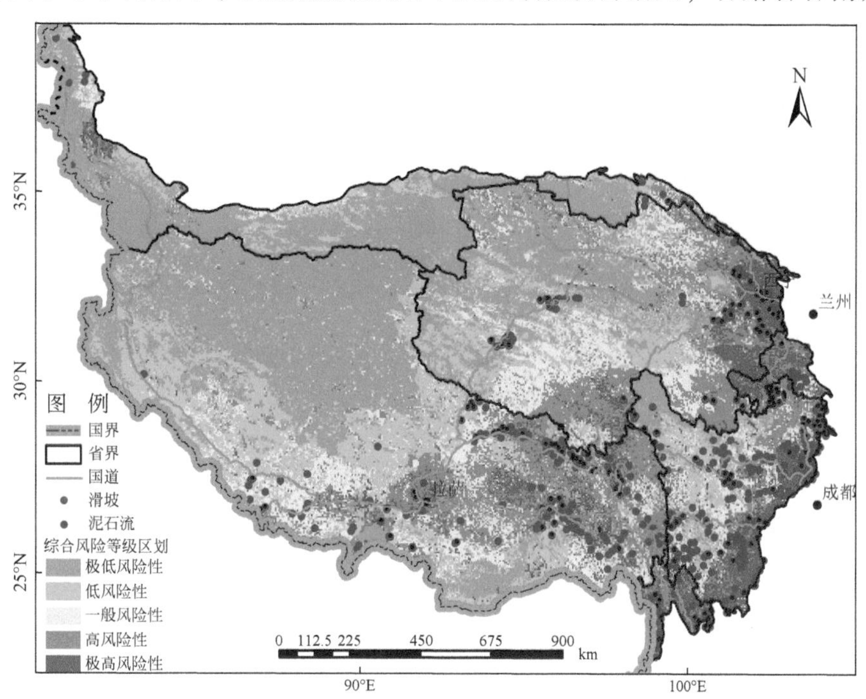

图 5-12　青藏高原滑坡泥石流灾害综合风险等级区划

治州和陇南市。滑坡泥石流灾害综合风险是滑坡体危险度和承灾体易损度的共同作用结果。综合风险区面积统计结果显示，滑坡泥石流灾害极低风险性区域所占面积约为2 127 120 km^2，约占比例为82.96%；低风险性区域所占面积约为347 936 km^2，约占比例为13.57%；中风险性区域所占面积约为50 864 km^2，约占比例为1.98%；高风险性区域所占面积约为23 217 km^2，约占比例为0.91%；极高风险性区域所占面积约为14 978 km^2，约占比例为0.58%。尽管高风险和极高风险区面积不足高原总面积的1.50%，但其潜在风险及其潜在灾损不容忽视。

虽然滑坡泥石流灾害的危险性主要集中在青藏高原的东南部分，但由于拉萨市与西宁市人口分布密集，相应的经济建设也较为发达，所以最终的滑坡泥石流灾害风险评估结果和危险性分布结果有着较大的变化，受到人口密度以及经济建设程度的影响，风险最高的城市是西宁市，其次是拉萨市。风险区划的空间分布特征为风险极高的区域主要集中在青藏高原的东部以及东南部，特别是青藏高原向黄土高原和云贵高原过渡的地带。风险最高的区域是青海省东部和四川省西部，尤其是喜马拉雅山脉东部、横断山脉以及祁连山脉东部，该区人口密度相对较高，农牧业相对发达，经济活动相对强烈，而且还是滑坡泥石流等地质灾害危险度较高的地区，其地质灾害的风险性也相对较高；其次是甘肃省西南部、云南省西北部和西藏东部。风险最低的省份为新疆南部。另外，青藏铁路沿线西宁-湟源路段、关角山隧道附近以及格拉段的拉萨河谷路段滑坡泥石流灾害处于高综合风险区，而当雄-羊八井、安多-那曲路段以及唐古拉山-温泉路段则属于中等风险区。

六、综合风险防范

《全国地质灾害防治“十二五”规划》提出的任务是，到2020年我国全面建成地质灾害调查评价体系、监测预警体系、防治体系和应急体系，基本消除特大型地质灾害隐患点的威胁，使地质灾害造成的人员伤亡明显减少。要实现上述目标，须在已经开展的灾害区域调查基础上，进一步做好以下五方面工作。

（一）滑坡泥石流灾害的风险评估

通过开展滑坡泥石流等地质灾害的危险性以及风险性的评估，提高区域的地质灾害风险防控水平。对受地质灾害威胁的重要乡村、重大工程等进行详细调查，根据地质灾害的风险区划图，制订相应的地质灾害防灾减灾方案，制订相应的临灾预案，并提前规划好逃避地点以及逃生路线等措施与方案。另一方面，根据地质灾害的风险区划，对重大地质灾害进行工程治理，并建立地质灾害的监测预警系统，提高地质灾害的风险防御能力。

（二）滑坡泥石流灾害监测与预警

地质灾害监测预警体系是防灾减灾的重要手段。运行良好的地质灾害监测预警体系能够及时捕捉地质环境条件变化信息，适时发出警示信息，为避险决策和应急处置提供关键性依据。

青藏高原重要城镇监测预警网络建设应以完善区域地质灾害气象风险预警、重大地质灾害隐患点专业监测、地质灾害隐患点群测群防系统为重点，以监测手段多样化、数据采集智能化以及预警预报及时化为标准，建成多部门数据共享、群专结合的地质灾害监测预警系统，对滑坡泥石流灾害的灾害链进行分析与预测，确定出滑坡泥石流预警的等级与预警信息的发布，提前制订地质灾害的应急预案，为预报预警工作提供基础支撑。

（三）滑坡泥石流灾害工程防治

研究区地质灾害工程防治应遵循以下原则：根据地质灾害调查、勘查评价结果，对受威胁的重要城镇就地规划建设或搬迁避让；对危害公共安全，可能造成人员大量伤亡和财产重大损失且适宜治理的重特大型、大型地质灾害隐患点，依据轻重缓急，有计划地分期、分批实施工程治理。

针对研究区前期防治工程存在的标准偏低、工程形式陈旧、防治理念落后等问题，应学习发达国家在地质灾害治理工程技术方面的新技术、新理念，在防治理论方面重视地质灾害形成机理的研究；在防治工程设计方面注重三维模拟技术和新材料等方面的应用；在防治工程实施方面注重与生态环境保护和土地利用结合。

（四）滑坡泥石流灾害的应急处置

根据滑坡泥石流地质灾害的风险评估结果，制订相应的应急预案，包括灾害评估、应急响应与灾后恢复，建设具有针对性的地质灾害应急管理体系。灾害评估包括滑坡泥石流的灾变评估、人员伤亡评估、重大工程和建筑的损失评估以及次生灾害的损失评估。应急响应包括人员的应急疏散与避难方案、人员抢救与医疗援助方案、重大工程与建筑设施的抢险与抢修方案、应急物资的调运方案以及次生灾害的防御方案，同时制订与地方政府行政管理需求相适应的地质灾害应急管理制度，规范各级政府、组织、团体、个人在地质灾害应急工作中的职责与任务。灾后恢复方案包括灾民生活安排方案、重大工程建筑设施的修复方案以及灾后生产与教学秩序的恢复方案等的制订。

（五）滑坡泥石流灾害风险防范的科普

对滑坡泥石流灾害的高风险区居民，加强地质灾害的风险防范宣传与教育，普及地质灾害的相关知识，提高地质灾害发生时的自我逃生能力，提高居民的地质灾害风险防范意识与能力。定期对地质灾害进行临灾逃生演练，提高灾害应急避难的能力。同时加强地方减灾人员的基本技能，建立地质灾害风险防范的专业技术人员与居民相结合的地质灾害监测预警、信息发布、临灾预警、应急处置的防范体系，提高地质灾害的风险管理能力。

第六章　冰湖溃决洪水灾害

一、定义与内涵

冰湖溃决灾害是指在冰川作用区，因冰湖区冰/雪崩、强降水、冰川跃动、地震等外部或冰碛坝内死冰消融、堤坝管涌扩大等内部因素激发冰碛湖自身状态失衡而溃决，引发溃决洪水或泥石流，危及居民生命、财产、基础设施等经济社会系统，并产生破坏性后果的冰冻圈灾害。受全球气候变暖的影响，冰湖溃决产生的洪水、泥石流等重大冰川灾害发生频率有所升高，严重地影响着脆弱的山区生态系统和经济社会系统。中国冰湖主要集中在青藏高原南部的喜马拉雅山和东部的念青唐古拉山一带，唐

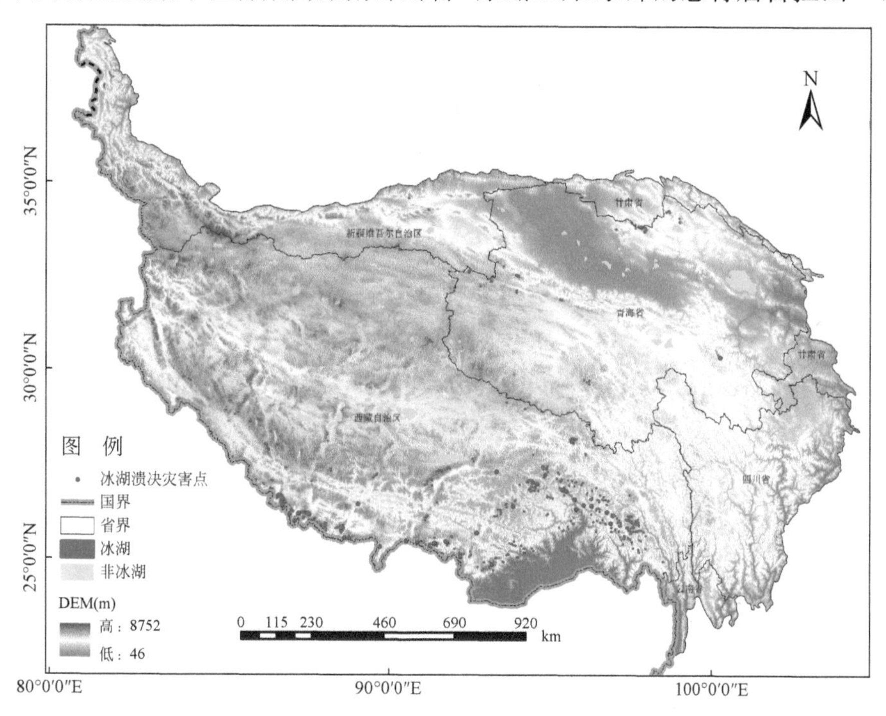

图 6-1　青藏高原冰湖空间分布

古拉山也有部分冰湖分布，其他均零星分布，冰湖与冰川分布具有一致性（图6-1）。目前，冰湖溃决灾害影响程度以及范围有扩大趋势。加之，许多山区资源开发利用，公路、水电站建设和旅游事业的发展，冰湖溃决灾害引起了山区国家或地区的广泛关注。冰湖溃决灾害风险评估研究已成为冰冻圈科学研究的重要领域，国内外政界、学界和非政府组织对冰湖溃决灾害风险十分关注和重视。

冰湖类型较多，涉及现代冰川本身的有冰面湖、冰川前端湖、冰内湖（水体）、冰坝湖（主谷冰川堵塞支谷沟口成湖，支冰川堵塞主谷成湖）（Stokes et al.，2007；Cook and Quincey，2015）。Liu 和 Sharma（1988）将冰湖分为冰碛阻塞湖、冰斗湖、槽谷湖、冰蚀湖和冰川阻塞湖 5 个基本类型。Chen 等（2007）将冰湖分为冰川终碛阻塞湖（冰碛湖）、冰斗湖、槽谷湖、冰蚀湖和侧碛阻塞湖五类。王欣等（2010）将冰湖分为七个主要类型，包括冰碛湖、冰川阻塞湖、冰斗湖、冰蚀湖、滑坡体阻塞湖、冰面湖和槽谷/河谷湖。最易形成溃决的冰湖为终碛湖、冰川湖、冰坝湖。按冰碛坝形状及其内部结构，冰碛湖可分为微隆式、高隆式、倾覆式和冰-碛混合（舒有锋，2011）。20 世纪以来，西藏自治区冰湖溃决基本全为冰川终碛湖，即冰碛湖（刘晶晶等，2008）。从冰湖形成机理、地貌形态和空间分布位置将冰湖划分为冰川侵蚀湖（冰斗湖、冰川槽谷湖和其他冰川侵蚀湖）、冰碛阻塞湖（终碛阻塞湖、侧碛阻塞湖、冰碛垄热融湖）、冰川阻塞湖（冰川前进阻塞湖和其他冰川阻塞湖）、冰面湖、冰下/内湖和其他冰川湖（由滑坡、基岩崩塌、泥石流阻塞冰川融水形成的湖泊）四大类及六个亚类（姚晓军等，2017）（表6-1，图6-2）。

表 6-1　冰湖类型划分

<table>
<tr><th>划分原则</th><th>主类</th><th>亚类</th><th>特征</th></tr>
<tr><td rowspan="4">坝体类型</td><td rowspan="2">冰碛阻塞湖（冰碛湖）</td><td>终碛阻塞湖</td><td>规模大、破坏大，常形成溃决泥石流</td></tr>
<tr><td>侧碛阻塞湖</td><td>破坏性小于终碛阻塞湖</td></tr>
<tr><td rowspan="2">冰川阻塞湖（冰坝湖）</td><td>主冰川阻塞支谷型</td><td>有周期性</td></tr>
<tr><td>支冰川阻塞主谷型</td><td>规模大、破坏大、波及范围广</td></tr>
<tr><td rowspan="2">与冰川接壤关系</td><td>冰川后缘湖（冰面湖）</td><td>—</td><td>规模及溃决概率均小于以上类型</td></tr>
<tr><td>冰川前端湖</td><td>—</td><td>同上</td></tr>
</table>

图 6-2　不同类型的冰湖景观

二、数据与方法

（一）数据与资料

本书采用的数据包括不同时段遥感影像数据、ASTER GDEM、地形数据、全国 1：400 万比例尺的政区图矢量数据及其经济社会数据。遥感数据来自于美国地质勘探局。Landsat 系列卫星（Landsat 1-5 MSS、Landsat 4-5 TM 和 Landsat 7 ETM+）数据为大区域、长时段的青藏高原冰湖变化分析提供了数据基础（李均力等，2011）。为此，本书采用 1990 年左右 TM 遥感影像（统称为 20 世纪 90 年代数据）和 2010 年之后 TM/ETM+遥感影像（统称为 21 世纪 10 年代数据）两个不同时期冰湖变化信息，讨论并分析青藏高原冰湖变化的时间过程和空间特征。其中，所有影像云覆盖率均低于 5%。研究区共涉及影像 82 景，参考影像 82 景，日期范围为 1987 ~ 2015 年（表 6-2）。

表 6-2　不同时期遥感影像数据信息

数据集	传感器	轨道号	时间（年-月-日）	分辨率	数据集	传感器	轨道号	时间（年-月-日）	分辨率
20 世纪 90 年代数据	TM（LT4）	p133/r40	1989-9-21	30 m	21 世纪 10 年代数据	ETM+	p133/r40	2012-11-15	30 m
	TM（LT4）	p134/r39	1994-9-18			ETM+	p134/r39	2013-11-9	
	TM（LT4）	p134/r40	1989-1-3			ETM+	p134/r40	2014-1-4	
	TM（LT4）	p135/r33	1991-9-25			ETM+	p135/r33	2013-10-7	
	TM（LT4）	p135/r39	1987-12-3			ETM+	p135/r39	2012-11-13	
	TM（LT4）	p135/r40	1990-11-9			TM	p135/r40	2012-11-13	
	TM（LT4）	p136/r33	1987-10-7			ETM+	p136/r33	2013-2-15	
	TM（LT4）	p136/r34	1987-10-7			ETM+	p136/r34	2013-2-15	
	TM（LT4）	p136/r38	1988-10-9			ETM+	p136/r38	2012-11-4	
	TM（LT4）	p136/r39	1988-10-25			ETM+	p136/r39	2012-11-4	
	TM（LT4）	p136/r40	1988-10-25			ETM+	p136/r40	2012-11-6	
	TM（LT4）	p136/r41	1985-10-25			ETM+	p136/r41	2011-11-10	
	TM（LT4）	p137/r35	1990-9-24			ETM+	p137/r35	2015-7-23	
	TM（LT4）	p137/r38	1988-9-25			ETM+	p137/r38	2015-11-10	
	TM（LT4）	p137/r39	1988-3-6			ETM+	p137/r39	2013-1-4	
	TM（LT4）	p137/r40	1988-11-1			ETM+	p137/r40	2013-9-27	
	TM（LT4）	p137/r41	1990-11-9			ETM+	p137/r41	2012-12-29	
	TM（LT4）	p138/r39	1987-12-8			ETM+	p138/r39	2013-1-5	
	TM（LT4）	p138/r40	1990-11-9			ETM+	p138/r40	2013-11-5	
	TM（LT4）	p138/r41	1990-11-14			ETM+	p138/r41	2013-10-12	
	TM（LT4）	p139/r35	1989-9-27			ETM+	p139/r35	2013-8-8	
	TM（LT4）	p139/r36	1989-9-27			ETM+	p139/r36	2013-8-8	
	TM（LT4）	p139/r39	1989-10-25			ETM+	p139/r39	2012-10-8	
	TM	p139/r40	1989-11-10			ETM+	p139/r40	2015-10-1	
	TM	p139/r41	1990-11-5			ETM+	p139/r41	2013-10-11	
	TM	p140/r39	1988-3-9			ETM+	p140/r39	2011-12-8	
	TM	p140/r40	1992-11-17			ETM+	p140/r40	2015-10-8	
	TM	p140/r41	1992-11-17			ETM+	p140/r41	2012-12-2	
	TM	p141/r34	1989-9-13			ETM+	p141/r34	2015-8-20	
	TM	p141/r35	1989-1-24			ETM+	p141/r35	2012-11-6	
	TM	p141/r40	1988-10-12			ETM+	p141/r40	2012-11-7	
	TM	p141/r41	1989-10-31			ETM+	p141/r41	2013-2-11	

续表

数据集	传感器	轨道号	时间（年-月-日）	分辨率	数据集	传感器	轨道号	时间（年-月-日）	分辨率
20世纪90年代数据	TM	p142/r39	1988-10-3	30 m	21世纪10年代数据	ETM+	p142/r39	2015-9-28	30 m
	TM	p142/r40	1990-11-10			ETM+	p142/r40	2012-11-14	
	TM	p143/39	1992-10-21			ETM+	p143/39	2013-10-7	
	TM	p144/39	1990-10-23			ETM+	p144/39	2015-12-7	
	TM	p145/35	1999-9-25			ETM+	p145/35	2014-12-3	
	TM	p145/38	1989-11-12			ETM+	p145/38	2015-12-6	
	TM	p145/39	1990-11-15			ETM+	p145/39	2013-11-30	
	TM	p146/35	1993-9-4			ETM+	p146/35	2013-12-27	
	TM	p146/38	1990-10-21			ETM+	p146/38	2015-12-7	

地形数据来源于中国科学院计算机网络信息中心国际科学数据镜像网站。数字高程数据 DEM 主要用于辅助提取冰湖边界、进行冰湖变化分析。本书所用数字高程数据来自于地理空间数据云（http://www.gscloud.cn/），包括分辨率为 30 m 的 ASTER GDEM（advanced spaceborn thermal emission and reflection radiometer global digital elevation model）数据 V1 版本和空间分辨率为 90 m 的 SRTM（shuttle radar topography mission）数字高程 V4.1 版本数据。

经济社会资料和数据来源于 1985 ~ 2015 年青藏高原各省（区）、地市州及各县统计年鉴、经济社会公报，其数据包括人口、GDP、耕地面积、牲畜存栏量、牲畜密度、牧民纯收入等，该资料用于不同灾种自然灾害承灾区暴露性、敏感性和适应性指标的提取与赋值。

（二）遥感影像解译

数据预处理主要包括遥感数据预处理、研究区域边界及矢量河网的提取。对于每个时期的某一景遥感影像在 Erdas 9.2 软件平台下进行预处理，首先将所需波段（包括波段 2、3、4、5、7）进行组合，然后利用 DEM 作为参考作正射校正，而后裁剪每一景影像边界噪声部分，再进行各期 6 幅影像的拼接，最后裁剪成统一的矩形区域，按照 4-3-2 和 7-5-2 波段组合顺序输出为 Geotiff 格式用于影像解译。在 ArcGIS 10.2 软件平台下，对 DEM 数据进行水文分析，提取矢量河网，同时提取各集水流域的矢量边界多边形。在研究区北面，以集水流域的边界为区域边界，在研究区南面，以行政边界（国界线）为边界，最后生成研究区区范围。由于冰川、冰雪和冰湖本质是水的不同形态，具有相近的反射特性，故其在 TM/EMT+卫星影像上基本呈现蓝色，只是饱和度不同。通过两种方式合成，结果突出的主题有些差别（Chen et al.，2007）。在 ArcGIS 10.2 软件平台下，将各时期（20 世纪 90 年代和 21 世纪 10 年代）两个波段组合类型（wave band 4-3-2、7-5-2）的影像图、各流域边界矢量图等叠加显示。参照冰湖自动提取的事件树思路，对 Landsat TM/ETM 的波段 4 和波段 1 进行运算，计算归一化水分指数（normalized difference water index，NDWI）（Gardelle et al.，2011）（图 6-3）。

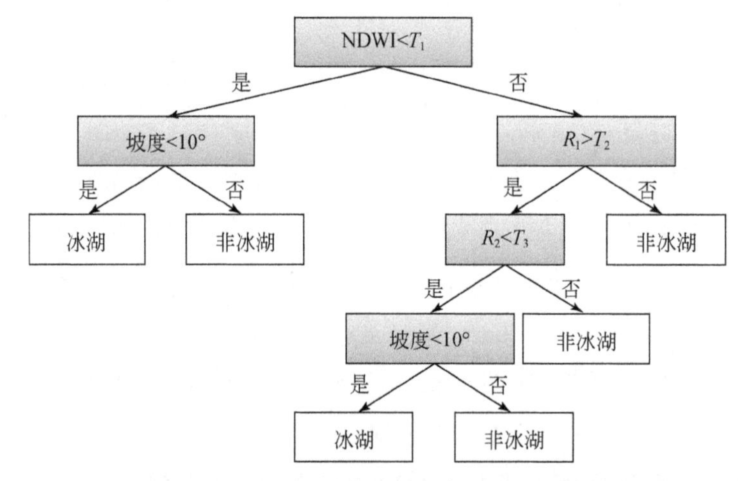

图 6-3 基于决策树的 Landsat 影像冰湖自动提取算法（王世金和汪宙峰，2017）

T_i为比值阈值，其大小由每一景影像目视经验估计确定，R_i与式（9-10）同

$$NDWI = \frac{B_{TM4} - B_{TM1}}{B_{TM4} + B_{TM1}} \tag{6-1}$$

式中，B_{TM1}和 B_{TM4}分别为 TM/ETM 波段 1 和 4。

根据式（6-3）计算水体指数，针对不同影像选择合适水体指数阈值，并得到水体与非水体二值图。然而，归一化水分指数图有时却误将水体当作非水体地物或误将冰雪等非水体地物当作水体，故对 TM/ETM 的波段 2 与波段 4 进行比值运算，以辅助识别水体和非水体类型，并通过波段 4 与波段 5 的比值运算，进一步区分冰川与积雪等地物与水体信息。

$$R_1 = \frac{B_{TM2}}{B_{TM4}} \tag{6-2}$$

$$R_2 = \frac{B_{TM4}}{B_{TM5}} \tag{6-3}$$

式中，B_{TM2}、B_{TM4}和B_{TM5}分别为 TM/ETM 波段 2、4 和 5。

由于冰湖湖面坡度很小而阴影坡度较大，实践中多通过把波段比值图与坡度图进行叠加分析，以区别较为相似光谱的冰湖水体信息与山体阴影。本书采用表面坡度<5°的水体为冰湖，否则为阴影的判别标准进行冰湖信息提取（Gardelle et al., 2011）。一些影像云雪覆盖冰湖与冰川难以区分时，参考 Google 地图高分辨率影像、DEM 以及诸多景相近年份相同季节的数据，结合光谱特征与冰湖形态特征，对监督分类和比值阈值法处理结果进行目视解译修正。最后，借助 3S 技术手段和方法，解译并提取青藏高原 20 世纪 90 年代和 21 世纪 10 年代两期面积大于等于 0.005 km^2 冰碛湖信息，并对其进行典型潜在危险性冰碛湖编目，为该区潜在危险性冰碛湖溃决灾害风险评估提供基础数据。

（三）冰湖溃决灾害风险评估体系

中国冰湖溃决灾害综合风险评价难点之一是评价指标的遴选，评价指标不全面、不准确，或评价因子过多，均会直接影响评价结果的科学性和合理性，进而影响其防灾救灾灾害风险管理的实施。目前，尚无一个较为成熟的冰湖溃决灾害综合风险评估体系。冰湖溃决灾害风险是对致灾体冰湖溃决危险性（概率）预测和承灾体脆弱性（由承灾体暴露性、敏感性和承灾区适应性风险三者决定）估算的综合，其影响因素很多，亦很复杂。其中，危险性属于自然系统，人类很难左右，脆弱性则更多地关注社会经济系统，是防灾减灾的重点。一般而言，致灾体冰湖溃决概率越大则强度越大，溃决灾害损失越严重，灾害风险也越大。同样，承灾区脆弱性越大，则冰湖溃决灾损风险也就越大。冰湖溃决概率主要受控于致灾体冰湖库容、母冰川状况、坝体结构及其气候背景等的综合影响，而承灾区脆弱性则主要受控于承灾体人口、牲畜、房屋、路网、农田、基础设施等数量及其密度，承灾体结构、等级及承灾性能等要素，以及承灾区防灾减灾能力及其灾后恢复和救助能力等经济社会适应性因素。

鉴于此，本书在借鉴国内外研究成果和综合分析冰湖溃决灾害风险因子基础上，根据全面性、层次性、可测性、可行性和数据可获得性原则，综合文献的研究成果、中国冰湖溃决历史事件和危险性冰湖变化情况，最终确定包括 16 项评价因子在内的冰湖溃决灾害综合风险评价指标体系。总体上，评估指标体系包括 4 项一级指标和 15 项二级指标，二级指标由遥感影像解译、各县统计年鉴、专题地图获取。最后，利用层次分析法与熵权系数综合对评估指标体系各指标进行赋权（表 6-3）。

表 6-3　冰湖溃决灾害综合风险评估指标体系

组分	指标	单位	综合权重	等级划分					数据来源	备注
				1	2	3	4	5		
危险性风险(0.30)	冰湖数量	个	0.1094	≤5	6~10	11~15	16~20	≥20	遥感影像	数量越大,溃决概率越大
	冰湖面积	km^2	0.1264	0.02~1.0	1.0~3.0	3.0~5.0	5.0~10.0	≥10.0	遥感影像	冰湖面积决定溃决洪水/泥石流体量规模大小
	面积变化率	%	0.0631	≤0	0~15	15~25	25~35	≥35	遥感影像	反映冰湖水量平衡状态
暴露性风险(0.22)	人口密度	人/km^2	0.0658	0~1.0	1.0~2.0	2.0~3.0	3.0~4.0	≥4.0	统计年鉴	人口密度越大,人员伤亡风险越严重
	牲畜密度	只/km^2	0.0373	0~10	10~20	20~30	30~40	≥40	统计年鉴	牲畜密度越大,牲畜伤亡风险越严重
	农作物播种面积	万 km^2	0.0295	0~1	1~2	2~3	3~4	≥4	统计年鉴	承灾区耕地面积越大,暴露性风险就越强
	路网密度	km/km^2	0.0384	0~0.015	0.015~0.03	0.03~0.05	0.05~0.07	≥0.07	统计年鉴	公路里程/土地面积,反映交通状况的畅通性
	农牧业经济密度	万元/km^2	0.049	≥1.6	1.2~1.6	0.8~1.2	0.4~0.8	0~0.4	统计年鉴	农林牧副渔产值
敏感性风险(0.18)	农牧业人口比例	%	0.0499	≤75	75~80	80~85	85~90	≥90	人口年鉴	农牧业人口是易受溃决灾害影响的脆弱性人群
	小牲畜比例	%	0.0407	10~30	30~50	50~70	70~90	≥90	统计年鉴	小牲畜比例越高,敏感性越强
	建筑结构指数	元	0.0464	≥7000	6000~7000	5000~6000	4000~5000	3000~4000	统计年鉴	以农牧民纯收入代替

续表

组分	指标	单位	综合权重	等级划分					数据来源	备注
				1	2	3	4	5		
敏感性风险（0.18）	高等级公路比例	%	0.043	≥40	30～40	20～30	10～20	0～10	专题地图	国道及省道里程占公路总里程比例
适应性风险（0.30）	地区 GDP	亿元	0.1401	≥5	4～5	3～4	2～3	≤2	统计年鉴	反映地区经济适应能力
	财政收入占 GDP 份额	%	0.0441	≥10	8～10	6～8	4～6	≤4	统计年鉴	反映区域财政支撑能力
	固定资产投资密度	万元/km^2	0.1158	≥14	10～14	6～10	2～6	≤2	统计年鉴	反映区域应对自然灾害的基础设施投资力度

注：1. 本书冰湖仅指冰碛湖，且面积大于等于 0.02km^2；

2. 地震烈度是指地震发生时，某一地区的地面所受地震动影响的强烈程度，或地震影响和破坏的程度；

3. 风险等级划分绝大部分按指标实际值等距划分，在此，不存在阈值或阈限；

4. 所有经济社会数据均为 2015 年底数据

三、致灾机理分析

研究结果显示：冰湖溃决是冰湖区地形地貌条件和气候背景两者综合作用的产物，溃决危险性冰湖往往具有冰川地貌陡倾（冰舌至冰湖坡度、沟道坡度）、冰川活动频繁（冰川跃动、冰滑坡和强烈消融）、湖盆规模较大、冰碛堤稳定性（坝宽高比、背水坡坡度和冰碛物平均粒径）较差以及气候湿热特征。冰湖溃决灾害是冰湖溃决致灾因子、孕灾环境、承灾体共同作用的结果，存在大量的不确定性和模糊性，诱因很多，亦很复杂，其诱因相互影响、相互制约，进而决定了冰湖溃决灾害具有突发性、区域性、难预测性和破坏力大等特点。当然，冰湖溃决灾害的形成还需有承灾体作为客体存在。总体而言，冰湖溃决灾害致灾因素主要集中在以下几方面。

（一）气候条件

冰川的进退、积累和消融，都取决于气候的干、湿、冷、暖变化，即与温度和降水密切相关，它们和冰湖溃决的发生密切相关。温度的升降变化与降水的多少在时空上的共存关系称之为水热组合。水热组合一般被分为四种类型：湿热、湿冷、干热（暖）、干冷类型（王世金和汪宙峰，2017）。相对湿热和干暖气候激发的冰湖溃决最大，相对湿冷、干冷气候激发溃决现象则较少。冰川活动水平与气温降水密切相关。相对湿热、干暖年代冰温较高、冰川消融加速，冰川末端崩滑强烈。冰崩体激起涌浪，漫溢堤坝，造成冲刷，进而致使溃决。研究区冰湖溃决泥石流多发生在由冷转暖和高温季节，已溃决冰湖中71.43%发生在7~8月，9月次之，这一时期也是冰湖溃决灾害发生的频发期。

（二）水源条件

冰湖溃决灾害水源主要来自冰湖本身、母冰川和降雨三部分。从水源角度来说，冰湖溃决的水源条件具体包括冰湖本身的储水量、冰雪消融水、冰/雪崩体、母冰川内部水体、降水，这些水源在冰湖溃决发生过程中共同起作用。

（三）地形条件

冰湖溃决灾害发生的地形条件包括冰湖后缘（母）冰川坡度、母冰川至冰湖段坡度、坝体背水坡坡度及下游沟道坡度。从海拔梯度上看，已有冰湖溃决事件均发生在海拔4500～5600 m。冰舌表面坡度变化对冰湖溃决作用很大。母冰川及冰舌坡度越大，冰体越容易跃动、崩塌，大量冰体进入冰湖，形成巨浪，从而导致冰湖溃决。Quincey（2007）认为，冰川表面坡度2°，是冰湖形成的一个阈值。坡度小于2°时，利于冰湖形成。终碛堤坝顶的宽度越大，冰湖越不易溃决。冰湖侧碛垄高度较大、坡度较陡，在降水和冰川融水明显增多的前提下，侧碛越容易失稳而发生大规模崩塌或滑坡。当崩塌规模较大时，也会形成涌浪导致冰湖溃决。另外，冰湖下游主沟沟床纵降比也是溃决泥石流形成的重要因素，沟床纵降比越大越引发冰湖溃决泥石流灾害，因为较大的沟床纵降比加速了溃决洪水或泥石流的速度和携带泥沙的能力。

（四）物源条件

冰湖溃决泥石流发育的基本条件是丰富的松散固体物质。青藏高原多为软硬岩互层的岩组，这些岩组容易发生崩塌、滑坡，这为高原沟谷泥石流的形成提供了物源条件。同时，强烈的新构造运动及地震活动改变了岩土体内部应力状态，破坏了岩土体稳定性，表层风化强烈，物质基础丰富，主沟及沿坡岩类土体和冰碛沉积松散物质广布，这为冰湖溃决泥石流灾害的形成提供了物源条件。

（五）承灾体条件

冰湖下游沟谷沿线居民、牲畜、耕地、基础设施等的存在是冰湖溃决灾害形成的必要因素。高原绝大多数社区分布于陡峭、狭窄的峡谷地带，社区居民高度依赖于该区脆弱的生态环境。这些社区高度缺乏资源，应对冰湖溃决灾害能力极为有限，此便构成了冰湖溃决灾害形成的承灾体条件。

四、冰湖溃决灾害时空特征

中国冰湖溃决灾害主要集中于西藏自治区的喜马拉雅山与念青唐古拉山中东段。该区域自20世纪90年代以来，冰川普遍快速退缩，冰湖逐年迅速扩张，一些高危冰湖溃决可能性在增加。可以说，在一定的外因作用下，极有可能发生溃决洪水甚至泥石流灾害（王世金和汪宙峰，2017）。事实证明，自1930年有记录以来，青藏高原冰湖溃决灾害发生的频次大幅增加，且严重影响承灾区人民的生命、财产安全以及区域交通基础设施。

（一）年代际变化

自20世纪30年代起，西藏自治区有记录以来31个冰碛湖曾发生40次冰湖溃决事件，并形成不同程度的灾损（Wang and Zhang，2014），每十年平均发生5.13次，即频率达到了两年1次，总体上呈显著增加态势。20世纪60年代、80年代和21世纪10年代为冰湖溃决灾害频发期，冰湖溃决灾害频次占总频数的66.66%。其中，21世纪10年代属于频发期，冰湖溃决灾害发生了10次。20世纪90年代冰湖溃决灾害发生次数也较高，达到了5次，而20世纪30年代和近期冰湖溃决灾害频率较低，仅各发生1次。近10年，喜马拉雅山地区新增7次冰湖溃决灾害，分别是嘉龙湖（2002.5.23/2002.6.29）、得嘎错（2002.9.18）、浪措湖（2007.8.1）、折麦错（2009.7.3）、次拉错（2009.7.29）、热次热错（2013.7.15）冰湖溃决灾害（图6-4）。可以说，西藏自治区冰湖溃决灾害极为严重，潜在威胁巨大，理应得到广泛关注。

（二）空间特征

20世纪30年代至今，在40次冰湖溃决灾害中，24次发生在喜马拉雅山区，15次发生在念青唐古拉山山区、1次发生在唐古拉山。其中，58.97%以上冰湖溃决灾害事件发生在喜马拉雅山东南坡亚热带山地季风气候区的吉隆县、聂拉木县、亚东南部区域，以及中东部海洋型与大陆型冰川分布交汇带的洛扎县、措美县、工布江达县、波密县、林芝市、边坝县、索县、嘉黎县，即北起丁青县与索县之间唐古拉山东段的主峰布加冈日（6328 m），向西南经嘉黎县、工布江达县，直抵措美县、洛扎县一带的海洋型冰川区（图6-1）。冰湖溃决灾害空间分布规律显示，已溃决冰湖主要集中于研究区中部区域，县域上包括聂拉木县、吉隆县、定日县、定结县、康马县、亚东县、洛扎县、错那县8县，其中，康马县、亚东县、洛扎县和错那县处于海洋型与大陆性冰川分布的过渡地带（程尊兰等，2009）。过渡带上的冰碛湖坝体海拔较高，植被稀少。同时，冰川活动性较高，特别是在盛夏秋天，冰川常以冰崩或冰滑坡形式落入冰湖，从而激起涌浪，漫过冰碛坝，使堤坝溃决。从海拔梯度上看，已有冰湖溃决事件均发生在海拔4500～5600 m。

事实也表明，21世纪前10年中国喜马拉雅山1490个冰湖便分布于海拔4700～5800 m，数量占总数的68.25%（Liu and Sharma，1988）。1964年9月26日，工布江达县达门拉咳错冰湖溃决，造成尼洋河堵塞，约 2.20 km 长的川藏公路被埋在厚度超过 4 m 的巨砾石滩和泥沙下，阻塞交通 20 天，迫使公路改线上移至沟口；扇形地上 7 户人家的 12 间房屋被埋，35 人无家可归，100 亩①耕地被掩埋，1 人死亡。唐不朗沟从沟口往上至海拔 5000 m 共 4 个牧场，泥石流冲毁了下面两个半牧场，剩下半个牧场因道路难行无法利用，海拔 4800 m 的第四个牧场也因沟谷不能通行而难以利用；海拔 4800 m 以下，主沟两岸大片森林被毁（吴秀山，2014）。聂拉木县波曲河樟藏布沟源头次仁玛错（冰碛阻塞湖）冰湖溃决，摧毁了近 50 km 范围内的中-尼公路及包括友谊桥、普尔平桥在内的全部桥涵，尼泊尔境内孙科西（Sunkoshi）河水电厂也部分遭受破坏，尼泊尔境内死亡人数达 200 人（徐道明和冯清华，1989）。1988 年 7 月 15 日，位于波密县贡扎冰川末端的光谢错因冰滑和渗流破坏共同作用产生溃决，据灾后调查核实：冲毁房屋 51 间，牧场 1 处，农田 11.4 hm^2，冲走家畜 57 头，粮食 31.5 t，直接经济损失 22 万元；还冲毁大小桥梁 18 座，川藏公路 22.8 km，交通中断达半年之久，其后两年内耗资 300 多万元抢修便道。沿途通信线路几乎全毁。公路、通信两项损失共计达 600 万元，估计全面恢复费用将超 1 亿元（吴秀山，2014）。2007 年 8 月 10 日，错那县太宗山浪措湖因长时间的强降雨漫顶决堤，引发数十万立方米的山洪及泥石流，冲入落差 1900 多米的娘姆江，导致娘姆江 1500 m 河段抬高近 10 m，河面宽度增加 30 余米，边防公路被毁 800 多米，钢架大桥、检查站和 2000 m 饮水管道完全冲毁，直接经济损失 1000 多万元，威胁到边防营数百名官兵和勒门巴民族乡 100 多名群众的安全（董晓辉，2008）。

2013 年 7 月 15 日，嘉黎县尼屋乡热次热错冰湖发生溃决，形成洪水与冰川泥石流灾害，致使下游 14 个行政村不同程度受灾，大片农田被淹、房屋冲毁、牲畜冲走，经济损失达 2 亿元。泥石流还堵塞沟道形成了两处堰塞湖。如此严重的冰湖溃决灾害均对下游经济社会系统造成了不可逆转的灾难。时隔 7 年后，2020 年 6 月 25 日嘉黎县尼屋乡金乌措（吉翁措）冰碛湖溃决带来的灾害直接威胁西藏地区群众的生命和财产安全。据统计，此次灾害淹没或冲毁农田 382.43 亩，从尼屋乡政府通往 14 村约 43.9 km 道路基本被冲毁，6 座钢架桥、1 座吊桥、1 座水泥盖板涵被冲毁，通往夏季草场公路的 25 个波纹管、3 座涵洞通车桥、7 座人畜简易桥、多处简易民房均被冲毁，总投资 840 万元的已完工 45% 的依噶景区项目全部被淹没。

① 1 亩≈666.7 m^2

五、综合风险评估与区划

（一）冰湖溃决危险性分析

冰湖溃决危险性风险评估指标包括潜在危险性冰湖数量、冰湖面积、冰湖面积变化率三项评价因子。其中，潜在危险性冰湖的判别标准为冰湖类别是冰碛湖、面积超过0.02 km^2，面积变化率超过20%，冰川末端至湖岸直线距离小于500 m。2010～2014年，整个青藏高原面积大于0.005 km^{2}的冰碛湖有669个、面积为200.25 km^2，较20世纪90年代，新增冰湖4个，面积缩减率超过30%的冰湖有35个，这些冰湖极有可能产生过溃决。其中，5个冰湖溃决已有历史记录。较20世纪90年代，二十多年间，整个青藏高原冰湖面积增加了39.76 km^2，扩张率达19.86%。其中，面积大于0.02 km^{2}的冰湖332个，面积达98.10 km^2。较20世纪90年代，面积增加了43 km^2，扩张率达43.83%。总体上，大量的潜在危险性冰湖主要集中的高原东南部。

本书中，冰湖溃决危险性主要由潜在危险性冰湖数量、冰湖面积和冰湖面积变化率三项因子决定。影响冰湖溃决的因素很多，亦很复杂，国外对于冰湖溃决危险性评价集中在冰碛湖、湖盆、冰碛坝、母冰川、冰湖-坝与母冰川关系、触发机制和下游沟谷状况等，其中，评价指标体系范围广、分类详细，涉及40余个评价因子，在一定程度上扩展了评价的范围，提高了评价的精度。然而，大部分因子需要实地调研获取，难度极大。目前，大部分冰湖溃决危险性监测主要依赖于对遥感影像的解译和辨识。国内学者在对西藏自治区多次冰湖溃决事件统计基础上，通过冰湖溃决与冰湖参数特征的关系式提出了冰碛湖溃决危险性评价的5个因子，分别为：冰湖是否为冰碛湖，冰湖面积是否大于0.02 km^2，面积变化率是否大于20%，母冰川面积减小且变化率大于10%，冰湖与母冰川之间距离小于500 m且冰湖与母冰川之间的坡度大于10°（ICIMOD，2010；Wang and Zhang，2013）。国际山地综合发展中心（ICIMOD）利用冰碛湖面积、冰湖距母冰川距离、冰碛坝条件、周边环境和社会经济参数等分级标准，将尼泊尔21处冰湖确定为潜在危险性冰湖。其中，17处位于科西河流域，占总潜在危险性冰湖数量的80.95%。本书参考国际山地综合发展中心潜在危险性冰湖判别标准，主要选取冰碛湖数量、冰湖面积及其面积变化率、冰湖距母冰川距离作为科西河流域北坡危险性冰湖判别标准。结果显示，整个青藏高原潜在危险性冰湖数量为459个，总面积达155 km^2，占面积超过0.005 km^{2}冰湖总面积的77.40%，20多年间平均扩张率达29%。

根据评估体系风险等级划分标准和各因子权重（潜在危险性冰湖面积、冰湖数量、冰湖面积变化率为0.1264、0.1094、0.0731），计算其冰湖溃决灾害致灾区危险性，评估结果显示：冰湖溃决灾害危险性极高风险区主要位于喜马拉雅山中段的普兰县、仲巴县、定日县、聂拉木县、定结县，东段的洛扎县和错那县，唐古拉山、念青唐古拉山的班戈县、比如县、嘉黎县、丁青县，祁连山南麓德令哈市和昆仑山治多县。其中，喜马拉雅山和念青唐古拉山中东段也是历史上冰湖溃决灾害发生集中区。该区域仲巴县、定日县、聂拉木县、定结县、洛扎县面积大于等于0.02 km^{2}的冰湖数量均超过25个，且冰湖面积均大于10.00 km^2，而且20多年间冰湖面积变化率均超过了15%。高风险区则位于西段的札达县、中段的吉隆县，该区域冰湖数量均在15个以上，面积介于2.50~12.00 km^2，冰湖面积变化率均超过10%。研究区西段札达县、中段萨嘎县、岗巴县、亚东县，以及东段隆子县、米林县、墨脱县则处于低或极低风险区（图6-4），该区域冰湖数量极少，冰湖面积及其变化率相对很小，故潜在危险性风险也很小。其他区域位于中风险区。

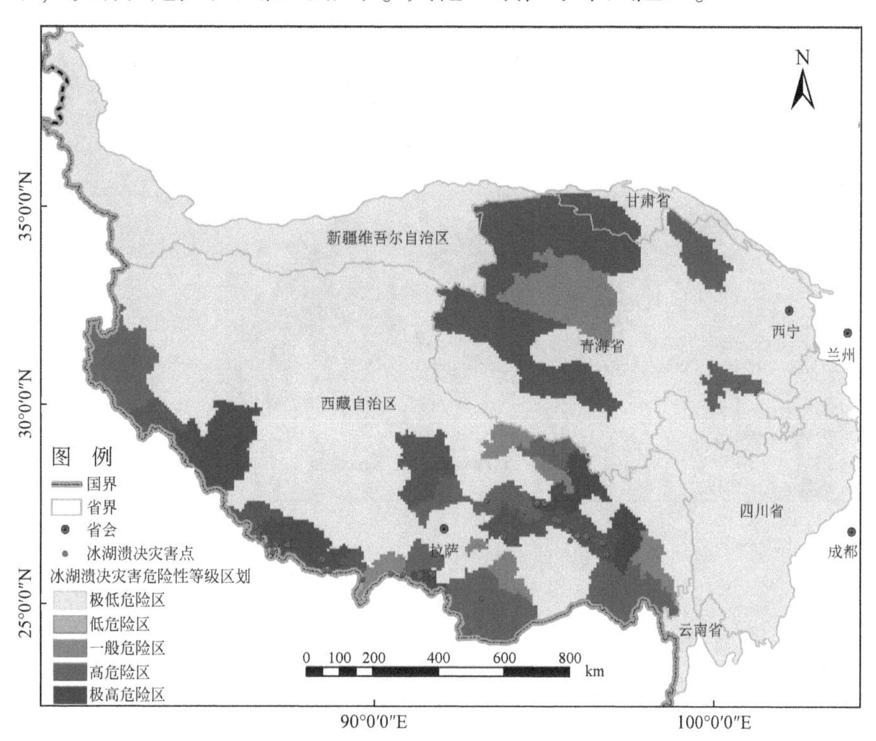

图6-4 冰湖溃决灾害危险性评估与区划

（二）冰湖溃决灾害综合风险评估

冰湖溃决灾害综合风险评估结果显示，中国喜马拉雅山区和念青唐古拉山中东段为冰湖溃决灾害极高风险区，具体包括喜马拉雅山中段定日县、定结县、岗巴县和东段康马县及洛扎县和念青唐古拉山中东段的嘉黎县、边坝县、波密县和八宿县；高风险区位于喜马拉雅山西段普兰县和中段仲巴县、吉隆县以及东段错那县，还有念青唐古拉山中段工布江达县；中风险区位于喜马拉雅山中段聂拉木县和东段措美县和念青唐古拉山中东段的索县、比如县、洛隆县；低风险区则位于喜马拉雅山中段萨嘎县、亚东县和东段浪卡子县、隆子县及朗县；极低风险区位于西段噶尔县、札达县和东段米林县、墨脱县，以及念青唐古拉山西段的当雄县和那曲县（图6-5）。

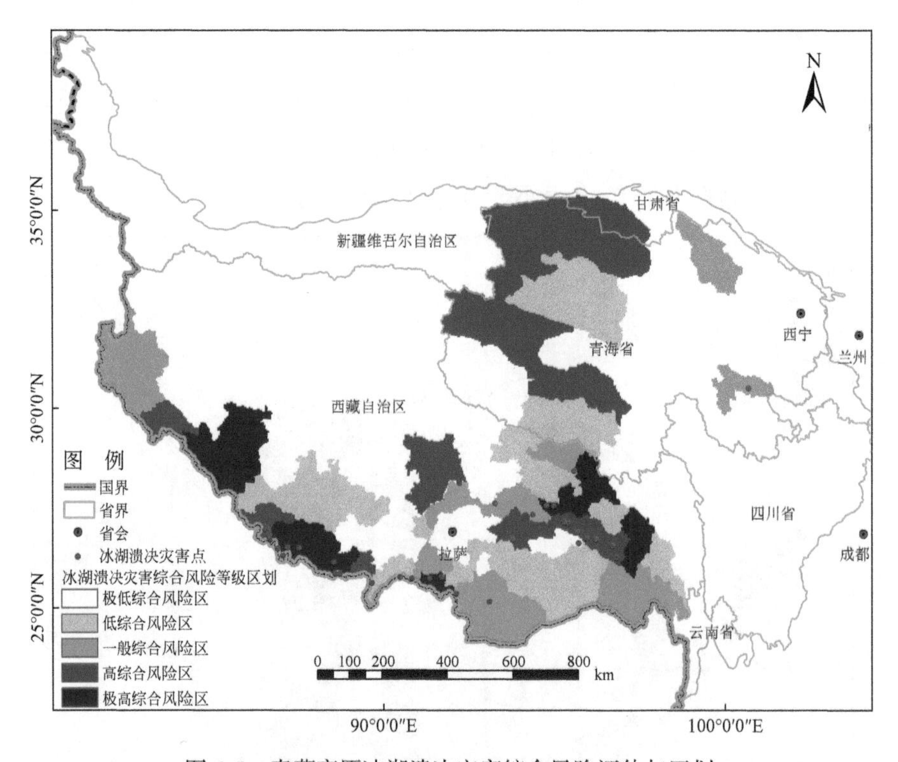

图6-5 青藏高原冰湖溃决灾害综合风险评估与区划

可以看出，冰湖溃决灾害综合风险处于极高和高等级的区域往往具有极高和高危险性等级（除岗巴县外），相反极高和高综合风险等级的县域则拥有极低和低的危险性等级（除亚东县和朗县）。其中，聂拉木县虽然拥有极高的综合风险指数，但该县拥有较强的防灾减灾适应能力，以及较低的暴露性和敏感性，缓解了该县冰湖溃决灾害综合风险。相反，岗巴县虽然综合风险指数处于中度级别（3 级），但该县拥有高度的暴露性风险等级和极高的适应性和敏感性风险等级，进而导致该县拥有极高的综合风险等级。其他县域冰湖溃决灾害综合风险等级主要是危险性、暴露性、敏感性和适应性风险共同作用的结果。评估结果显示，冰湖溃决灾害高风险区与历史实际灾害空间分布具有高度一致性。同时表明，该评估方法体系适用于冰冻圈灾害综合风险评估（Wang et al.，2020）。

六、综合风险管理

冰湖溃决是气候变化和地震活动等间接因素引发的一种自然灾害，其溃决泥石流具有突发性强、洪峰高、流量大、破坏力大和灾害持续时间短但波及范围广等特点，常造成巨大的财产损失和人员伤亡。鉴于冰湖海拔分布较高、地势险峻、天气状况复杂，在冰湖附近进行排水泄洪等工程极为困难，仅靠工程措施和专业队伍的监测、排险极为困难。因此，亟须加强冰湖溃决灾害多目标、多方式的风险管理措施，以减少溃决灾害发生概率、强度和灾损。

（一）定期监测冰湖动态

冰湖溃决风险预测是源头控制，也是预防和减轻冰湖溃决灾害风险最前沿、最重要的防范措施。规避或降低冰湖溃决灾害风险很大程度上依赖于对冰湖溃决事件的有效而准确的预测预报信息以及对冰湖水量平衡的监测结果：①利用高分辨率遥感影像，查明研究区危险性冰湖分布数量、位置、冰湖面积、湖堤稳定性、主沟纵坡降等参数。②利用多源多时段卫星遥感图像、重力卫星、通信设备仪器等手段，适时动态监测典型潜在危险性冰湖面积、水位、母冰川面积、坡度及其与冰湖间距的变化，以及气象水文变化等。预测冰湖溃决泥石流发生概率，及早给出预警预报方案，提前确定和落实预警信号和撤离方式。③对重点危险性冰湖进行详尽的野外调查，调查要素包括冰雪补给范围及坡度、冰舌坡度、冰舌前端距冰湖距离、冰川裂隙发育情况、冰湖高程、面积、库容、两岸崩塌发育情况、背水坡坡度、冰碛坝顶宽度、受旁沟冲刷程度、主沟道长度、纵坡降、坝体宽度、结构、物质组成、稳定性、水热组合、溢出方式、泄水口位置与变化、水位变化及发展趋势等。

（二）落实工程措施

合理的工程措施是有效解除或控制冰湖溃决灾害险情的最有效或最直接的方式。工程措施主要依赖于坝体状况、溃决风险、危害风险、工程难度等方面，其方法包括减少冰湖库容、建设排水系统、加固冰碛坝三个方面，具体措施包括以下四方面。

1）对于坝体相对稳定、短时间内不会溃决，但对下游危害极大的冰湖，主要利用泵站抽水，设置虹吸装置等措施降低湖水位，该方式泄洪措施安全稳定，泄洪流量可控。同时，加固堤坝，防止渗漏、管涌和塌陷；或利用冰湖巨大势能，修建水利水电设施；或将冰湖开发为水利风景区。

2）对于坝体稳定性较差、短期内存在溃决风险、对下游危害较小的冰湖，可采用人工开挖或爆破形式修建泄洪（流）渠，利用泄洪水力逐步冲蚀坝体，拓宽泄流渠，实现降低水位、减小库容的目的。这种方法可满足快速除险要求，但形成的洪峰流量较难控制，对下游可能会产生较大次生灾害。

3）对于坝体稳定性较差、中长期存在溃决风险、对下游危害极大的冰湖，最有效方式是加固坝体和修建引水、排水通道。一是使用钢筋石笼或浆砌块石防护坝顶鞍部和泄流槽，加大坝顶和坝体宽度；二是修建明渠、暗渠、涵洞（隧道）等排水通道。该方法成本大，洪峰流量可控，对下游危害较小。同时，根据沟道纵坡降和松散碎屑物质丰富程度，在适合位置修建格栅坝和拦洪坝，并在居民地、农田、公路等修建防洪堤等，以减缓溃决泥石流演进进程。

4）对于坝体稳定性较差、短期内坝体存在溃决风险、对下游承灾区危害极大、工程措施施工难度较大且投资相对过大的冰湖，建议强行搬迁。

（三）实施多方参与机制

冰湖溃决灾害防灾减灾涉及国土资源、水利、地震、气象、民政、财政、统计等政府部门及当地社区等多个利益相关者，有时还涉及科研部门、新闻媒体、交通、通信、保险、企业、非政府组织等单位或个人。因此，冰湖溃决灾害的防灾减灾工作是一个多方（部门）联动、会商、参与、协作的系统工程，单靠某一部门或个人，其防范和适应能力极为有限。多方参与主要解决两个问题，其一是灾害基金问题，其二是数据与信息共享问题。一方面，需要完善和建立多方参与灾害基金的筹融资机制，主要用于因冰湖溃决自然因素引发的洪水/泥石流灾害防灾减灾工作。具体费用包括冰湖溃坝、岸坡崩塌、滑坡、泥石流等灾害链的预防，以及用于灾前预警预报体系建设、灾中应急管理及灾后恢复重建等多个环节的费用。另一方面，为提升山区冰湖溃决灾害防灾减灾的综合适应能力，亟须多方参与防灾减灾，进而形成信息共享、资源共享、分工协作的多方（部门）联动机制。通过多方会商，制订潜在冰湖溃决灾害应急预防体系和信息共享机制。信息共享需要水利、气象、国土资源、地震、统计、民政部门提供相关冰湖水量变化、气候背景、沟道状况、沟道下游承灾体分布、地震烈度、历史灾情等数据和资料，并做到多方数据资料的共享与利用。政府部门需要及时与新闻媒体沟通，及时向承灾区传达冰湖溃决灾情、应急处置进展及避险措施等相关信息，以保障社区居民知情权和监督权。

（四）落实社区风险管理机制

社区风险管理包括社区全过程参与管理及其社区的防灾减灾、应急处理的宣传、教育与培训。切实有效减少灾害风险的措施是人们自发地参与和以适当低成本减灾。社区的广泛参与有助于政府灾害管理行动实施，也有助于社区对冰湖溃决灾害管理措施达成共识，促进风险管理工作的顺利开展，同时也扩大了灾害风险管理的覆盖面。目前，冰湖溃决灾害潜在风险区居民未真正参与其灾害风险管理全过程。同时，社区居民的宣教和培训力度较小，对冰湖溃决危害程度了解较少。部分政府和社区公众对冰湖溃决灾害风险存在侥幸心理，往往忽视社区防灾减灾宣教、培训、灾害应急处理等风险管理体系建设，公众灾害防范意识普遍薄弱。群测群防是指发动社区群众参与灾害的监测、预防、预报工作的一种途径，是中国当前山地灾害社区风险管理的“雏型”。冰湖溃决灾害特点决定了村级社区是防御的前沿和主体，如何发挥社区群众力量是防御冰湖溃决灾害的关键。社区群测群防体系重点是强化群众监测预报工作。对于每一处冰湖溃决灾害隐患点，均要落实专人进行监测，签订监测责任书。同时，制订每个隐患点的具体防灾预案，监测中一旦发现险情，及时启动防灾预案。特别是在 7 ~ 9 月，需安排专人实行全天候值班制度和巡查制度，确保信息畅通，及时掌握灾害（隐患）点动态情况。

第七章 牧区雪灾

一、定义与内涵

雪灾是指降雪量过大、雪深过厚、积雪期及低温日数持续时间过长，且缺乏饲草料储备和应急状态之下，因饥寒、冷冻引发人员、牲畜伤亡及经济环境遭受损失的气象自然灾害。雪灾的发生不仅受降雪量、气温、雪深、积雪日数、草地类型、牧草高度等自然因素的影响，而且与畜群结构、饲草料储备、雪灾准备金、区域经济发展水平等社会因素息息相关（王世金等，2014）。总体上，雪灾的发生受致灾体积雪和孕灾体植被危险性、承灾体牲畜暴露性和脆弱性，以及承灾区防灾减灾能力四方面共同影响。积雪掩埋牧草程度越大，积雪持续日数越长，当超载率过大且应对措施较弱时，其灾损就越大（鲁安新等，1995，1997；黄朝迎，1988；刘兴元等，2008）。

根据雪灾发育环境，如雪盖面积、积雪深度、积雪日数和受灾面积，雪灾可分为轻度雪灾、中度雪灾、重度雪灾和特大雪灾。根据雪灾发生区域，雪灾可划分为农区雪灾、牧区雪灾、城市雪灾、交通雪灾等。按雪灾发生的气候规模，雪灾可划分为猝发性雪灾和持续性雪灾。中国是世界上畜牧业资源最丰富的国家之一，草地面积约占世界草地的13%，拥有天然草地3192亿亩，占国土总面积的41.41%，主要分布在内蒙古、新疆、西藏、青海和甘肃等地（郝璐等，2003），在中国国民经济建设中占有重要地位。然而，中国牧区积雪灾害高发中心主要分布在新疆西北部（阿勒泰、塔城、伊犁及邻近地区）、内蒙古中部（大兴安岭以西，贺兰山以北，阴山和燕山以北、呼伦贝尔盟以南，中心在锡林郭勒盟）和青藏高原东北部。其中，青藏高原东北部腹地的青藏高原区独特的地理环境和天气气候条件，是青藏高原雪灾的高发区和高频区，也是气候变化的敏感区和脆弱区。

青藏高原由于平均海拔在4000 m以上，大部分地区年平均温度在0℃以下，属高原亚寒带、高原寒带气候类型，低温及雪灾频繁。在冬春季节，青藏高原牧区经常出现频繁的降雪天气过程，加之降雪后的强降温，很容易形成大面积的雪灾，是严重危害畜牧业稳定发展的自然灾害之一，也是各类灾害之首，同时是我国低温雪灾较为集中的地区（中国气象局，2007；郭晓宁等，2010；高懋芳和邱建军，2011）。由于青藏高原地区植被覆盖以高原苔原、高寒草甸及高寒草原为主，草场牧草以莎草科嵩草属植物为主，主要有高山嵩草、矮嵩草、线叶嵩草，牧草普遍矮小（赵新全，2009）。当出现降雪过程，积雪超过3cm，积雪维持4~6天以上时，牲畜采食困难，家畜无法出牧，膘情会急剧下降，牲畜开始死亡，从而极易发生雪灾。特大雪灾对区域畜牧业的影响几乎是毁灭性的。

二、数据与方法

（一）数据与资料

1. 地面气象站气温资料（1960年1月1日~2015年12月31日）

该数据来自于中国气象科学数据共享服务网（http://data.cma.cn/），该数据用于计算研究区气温年际变化趋势及其多年平均气温的空间分布特征。在数据使用之前，将研究区70个（共87个）数据连续气象站的气温资料按年份、月份进行整理，按3~5月为春季、10月~翌年2月为冬季（雪灾集中发生在10月至翌年5月）进行季节划分，并对气温资料按春季和冬季进行汇总整理，个别站点缺失的数据按照线性回归法进行插补。以各站点气温的平均序列代表该源区的气温序列（图7-1），计算整个青藏高原春季和冬季气温平均值和距平值。

2. 研究区地面台站观测的积雪资料（1960~2015年）

研究区范围介于31.39°N~36.12°N，89.75°E~102.23°E，海拔高度≥3200 m，该数据来源于中国气象局国家气象信息中心整理的“中国地面积雪数据集”，本书在此仅使用研究区日积雪厚度（cm）和月积雪日数（天）资料，共70个台站，来分析研究区雪灾气候背景。计算年平均积雪厚度时，若某年中任何一个季节的积雪厚度为缺测，则记该年平均积雪厚度为缺测，否则以四季平均值作为当年年平均积雪厚度。在雪灾危险性风险评价中，唐古拉镇雪深数据由沱沱河数据代替，称多县数据由清水河数据代替。然而，中国地面观测台站积雪资料多集中于研究区东部，

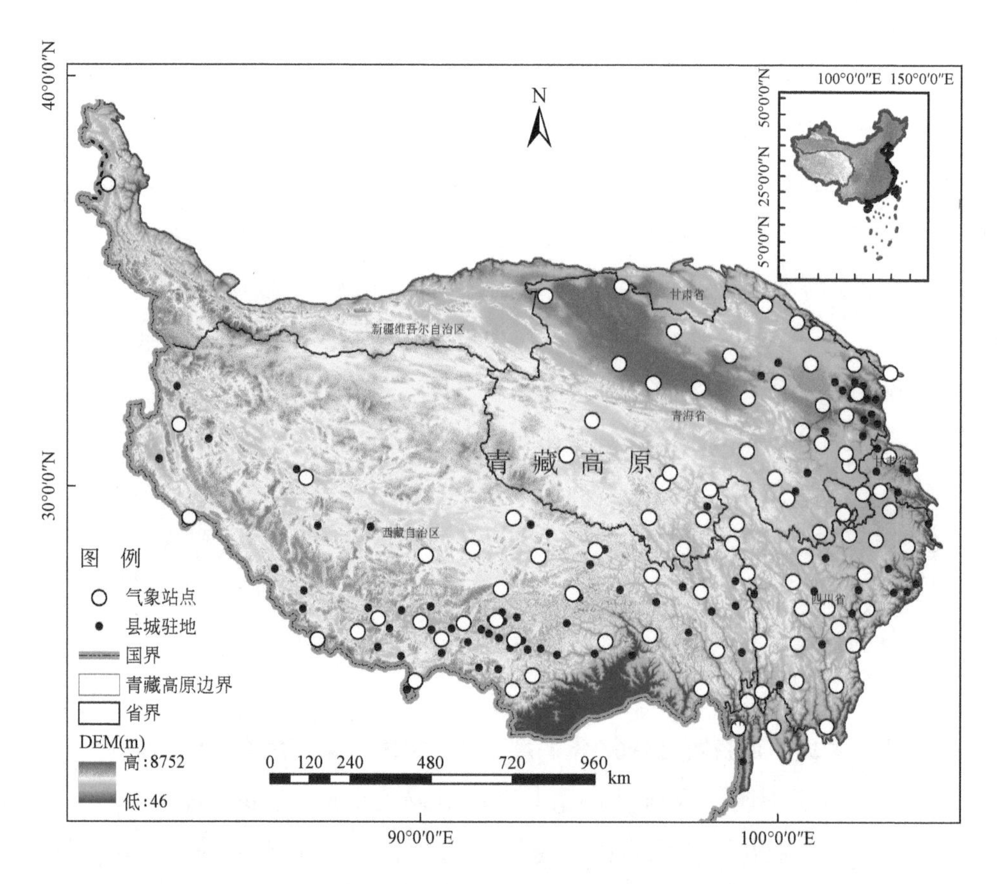

图 7-1 青藏高原范围 87 个气象观测站位置分布

西部非常稀少（图 7-1），进而影响后期平均雪深和积雪日数年际变化及其空间插值的精度。

3. 中国雪深长时间序列数据集（1978～2015 年）

该数据来源于国家自然科学基金委员会“中国西部环境与生态科学数据中心”（http://westdc.westgis.ac.cn），该数据集提供 1978 年 10 月 24 日～2015 年 12 月 31 日逐日的中国范围的积雪厚度分布数据，其空间分辨率为 25 km。用于反演该雪深数据集的原始数据来自美国国家冰雪数据中心处理的 SMMR（1978～1987 年）、SSM/I（1987～2007 年）和 SSMI/S（2002～2015 年）逐日被动微波亮温数据（EASE-Grid）。考虑到青藏高原雪灾发生的时间一般都在 10 月至翌年 5 月，该数据用于提取青藏高原 70 个气象站 2015 年春季和冬季（10 月至翌年 5 月）的逐日积雪深度和积雪日数两个参数。

4. 土地利用图（2010）和归一化植被指数（NDVI）数据

基于2010年TM数据，在GIS技术支持下，对其进行了解译。土地利用/覆盖分类系统参照中国科学院“中国资源环境数据库”土地利用遥感分类体系，该数据用于提取高原草地覆盖率。由于植被地上生物量及净初级生产力与NDVI之间有很高的相关性，借用遥感数据对地上植被状况的分析通常以NDVI来代替植被覆盖状况。本章选取美国国家航空航天局全球监测与模型研究组提供的NOAA/AVHRR-NDVI数据集，其空间分辨率为7.9 km×7.9 km，属半月合成数据，时间跨度为1981年7月~2006年12月，用于揭示地上生物量变化态势。

5. 青藏高原历年雪灾数据（1950~2015年）

1949~2015年气象灾害灾情资料根据国家科委全国重大自然灾害综合研究组干旱、洪涝、冰雹和低温冻害等气象水文灾害数据资料，以及《中国民政统计年鉴（1950~2015）》中的自然灾害损失剔除地质地震灾害和海洋灾害造成的死亡人口和直接经济损失进行汇总，获得长时间气象灾害灾情序列（Wang et al.，2019）。其他灾情数据来源于《中国气象灾害大典》(2005)、《中国气象灾害年鉴》(2000~2015)，以及媒体、互联网的雪灾事件报道，包括牲畜死亡数、受灾人数及其经济损失等（王世金等，2014）。

6. 经济社会资料和数据

1985~2015年青藏高原各省（自治区）、地市州及各县统计年鉴，数据包括人口、GDP、耕地面积、财政收入、农牧民纯收入、固定资产投资等，该资料用于雪灾暴露性、敏感性和适应性指标的提取与赋值。

（二）空间插值方法

本书在分析雪灾气候背景及其雪灾空间分布特征时采用克里格空间插值方法。克里格插值是在有限区域内对区域化变量进行无偏最优估计的一种方法（Krige，1951；Matheron，1963；王艳妮等，2008）。克里格法是考虑了样本点形状、大小和空间属性，对未知样点进行的一种线性无偏最优估计（Alley，1993；祝亚雯，2010）。克里格空间插值法公式如下：

$$Z(S_o) = \sum_{i=1}^{n} a_i Z(S_i) \tag{7-1}$$

式中，S_o为未知样本点；$Z(S_o)$ 为未知样本点 S_o 的值；$Z(S_i)$ 为未知样点周围已知样本点 i 的值；n 为已知样本点个数；a_i 为第 i 个样本点的权重。克里格空间插值法最主要优势就是数据的空间结构分析（Barnett，2004；Lioyd，2010）。目前，该方法已广泛应用于气温、降水空间插值之中（Bolstad et al.，1998；Couralt and Monestiez，1999）。

（三）雪灾风险评估体系

雪灾综合风险评价难点之一是评价指标的筛选，评价指标不全面、不准确，或评价因子过多或过少，均会直接影响评价结果的科学性和合理性，进而影响防灾救灾及灾害风险管理的实施。根据雪灾风险系统构成可知，雪灾综合风险评价是对致灾体雪灾危险性和承灾体暴露性、脆弱性、适应性的综合评价。在借鉴国内外研究成果基础上，根据全面性、层次性、可测性、可行性和数据可获得性原则，综合文献研究成果、灾害综合风险构成，以及雪灾历史事件，本书选取多年平均累计雪深（x_1）、积雪日数（x_2）、低温天数（平均气温小于1℃的天数）（x_3）、草地的产草量（x_4）作为雪灾致灾因子和孕灾环境（低温和草地环境）危险性指数（HI）。在承灾体的暴露性中，选择牲畜超载率（x_5）作为雪灾暴露度指数（EI）。在承灾体的脆弱性中，选择羊占牲畜总数的比例（x_6）作为畜群在雪灾中的脆弱性指数（VI）（小牲畜容易死亡）。适应度指数（AI）由于数据可获取的局限性，本书选取了人均收入（x_7）和人均固定资产投资（x_8）作为政府在社区层面应对雪灾的两个重要参量。以上8个指标，构成了雪灾综合风险的评价指标体系（表7-1）。

表7-1　青藏高原雪灾综合风险评价指标体系

目标层	主题层	领域层	权重	要素层	单位
综合风险指数（IRI）	致灾因子的危险性	雪灾风险指数（HI）	0.35	累计雪深（x_1）	Mm
				积雪日数（x_2）	天
				低温天数（x_3）	天
				产草量/NDVI（x_4）	—
	承灾体的暴露度	暴露度指数（EI）	0.25	牲畜超载率（x_5）	%
	承灾体的脆弱性	脆弱性指数（VI）	0.15	羊占牲畜总数的比例（x_6）	%
	应对灾害的能力	适应度指数（AI）	0.25	人均收入（x_7）	元
				人均固定资产投资（x_8）	元

（四）雪灾综合风险评估模型

雪灾综合风险评估是将雪灾的评价指标体系运用空间分析中要素赋权和叠加的

办法，得到的综合风险度系数，进而根据风险度大小对风险性进行分级的分析过程。针对雪灾对畜牧业的危险性的四个方面，即致灾因子风险性、孕灾环境的暴露度和敏感性、承灾体的脆弱性及应对灾害的能力分别分析。将各个变量通过

$$D_i = (X_i - X_{min}) / (X_{max} - X_{min}) \tag{7-2}$$

归一化到［0，1］。对于逆向指标，即在一定范围内数值越小越好，因而采用赋值归一法：

$$D_i = (X_{max} - X_i) / (X_{max} - X_{min}) \tag{7-3}$$

低温、冰冻灾害的发生概率可以通过历史灾损数据计算每个地区每种灾害的死亡率和经济损失风险，这一概率就是在区域 j 中灾害 h 发生的强度（以频次表示），概率 P_i 的计算公式为

$$P_i = n \times \sum M_{hj} / \sum M_{hij}^* \tag{7-4}$$

式中，n 为区域 j 中灾害 h 发生的次数；M_{hj} 为区域 j 中灾害 h 影响的牲畜/人口数；$\sum M_{hij}^*$ 为青藏高原地区累计影响的总牲畜/人口数。

以上数据在数据归一化以后，利用 AHP 法和专家打分的赋权办法得到四个因子的权重，从而计算雪灾综合风险度指数（IRI）：

$$\text{IRI} = (0.35 \times \text{HI} \times 0.25 \times \text{EI} \times 0.15 \times \text{VI}) / 0.25 \times \text{AI} \tag{7-5}$$

依照以上方法分别计算致灾因子的危险性、承灾体的暴露度、承灾体的脆弱性性以及应对灾害的能力四项指标对应的指数后，综合风险指数由（7-5）式计算得到。将各个领域层中单因子指数及综合风险指数在 GIS 空间分析模块中对其空间化和重分类，重分类栅格像元为7.9 km×7.9 km，得到青藏高原雪灾危险度、暴露度、脆弱度、适应能力和综合风险指数。以上分析均在 ArcGIS 10.2 及 SPSS 18.0 中完成。

三、致灾机理分析

牧区雪灾是危险性降雪事件引发牧区人员伤亡及其经济环境损失的灾害。在冬春季节，当雪深达到一定厚度（5cm 及以上），草地植被大面积被积雪掩埋，在气温较低环境下，进而影响放牧饲养牲畜的正常行走和采食，致使采食量减少，畜体耗能增多，牲畜能量供求严重失衡，最终将导致放牧牲畜大量掉膘或死亡，从而引发雪灾。积雪掩埋牧草程度越大，积雪持续日数越长，灾损就越大，气候环境恶劣

条件下，甚至导致人员伤亡事件。可以说，牧区雪灾是在游牧生产方式下，因恶劣气候环境、积雪大面积掩埋牧草、牲畜饲料饲草供给不足而形成的一种自然灾害。其中，冬春季节危险性降雪事件是牧区雪灾发生的必要条件，而积雪大面积掩埋牧草的程度以及积雪的持续日数则是雪灾形成的重要条件。

雪灾孕灾环境是指导致雪灾发生的诸类因素，包括自然系统环境（如气温、降雪、雪深、积雪日数、地形等）和经济社会系统环境（如物资储备、应急能力、防灾减灾能力、雪灾保险等），但绝大多数研究者多关注自然系统的环境风险。国外雪灾研究主要集中于积雪的流动性、雪崩、积雪深度对植被的干扰作用等，对牧区雪灾研究很少。中国雪灾频繁，其研究也相对成熟，研究方向主要集中于气温、降水、雪深、积雪日数、大气环流、ENSO、海温、极冰变化等雪灾孕灾环境研究。雪灾风险评估则是对区域遭受不同规模、强度雪灾的可能性和雪灾造成后果的定量评估与分析，它不仅是一项以预防为主、防患于未然的重要防灾减灾措施，也是开展和制订防灾减灾和应急管理对策的基础和依据。

四、雪灾时空特征

（一）年代际变化

1951 ~ 2002 年，西藏发生 247 次雪灾，雪灾致牲畜死亡数超过 1090 万只。2000 ~ 2008 年，青海每年雪灾导致的牲畜死亡数量介于 88 万 ~ 151 万头。藏北及三江源地区由此成为全国三大雪灾高发中心之一（温克刚，2007）。其中，2008 年冬春（10 月至翌年 5 月），青藏高原地区连续遭遇强降雪天气，先后出现 5 次强降雪过程，积雪面积达 9.94×10^4 km^2，持续低温使大部分地区积雪难以融化，造成 30 余万头牲畜死亡，经济损失达 10 余亿元。从高原地区的灾害发生历史来看，1961 ~ 2015 年，有一定规模记录的雪灾事件 436 起（以整个青藏高原牲畜死亡 60 万头作为大规模损失，60 万头以下作为小规模损失的标准）（有人员或牲畜的死亡记录），其中大规模的雪灾年份为 6 年，分别为 1974 年、1975 年、1979 年、1982 年、1989 年、1995 年，这些雪灾给青海、西藏等地的畜牧业造成了严重的破坏性影响。以牲畜死亡 60 万头以下的小规模灾害来看，近些年来小灾害出现的频率越来越高，并且其破坏性和造成的人员、牲畜损失有逐渐增加的趋势。由于灾情的统计数据来源于灾害年鉴的统计，并且随着时间的久远，其记录可能愈加不准确和不完整，近年灾害事件增加可能是灾害统计、上报制度完备的结果，但毋庸置疑的是近些年来高原雪灾频次增加明显。从发生频次上来看，有牲畜死亡及人员伤亡的灾害次数由1960年代平均的2～3年一次，逐渐增加到几乎每年都有发生。从牲畜的死亡规模上来看，虽然近些年的灾害中以小规模灾害频发为主，但总的死亡数量在逐年增加。这也显示出雪灾在青藏高原地区的高风险性和破坏性（图7-2）。

从各个省累计的牲畜总死亡数量来看，青海历年牲畜死亡规模最大，占青藏高原牲畜死亡总数的67.80%；西藏次之，占总数的25.30%。也就是说，青藏高原的雪灾主要发生在青海，而四川、甘肃、新疆和云南的灾害损失较小（图7-2）。从灾害发生频率的统计结果来看，在规模以上灾害记载中（死亡1万头牲畜及以上），青海海西地区的乌兰县发生雪灾次数最高，规模以上灾害有15次之多，另外青海的玉树、达日、玛沁、那曲和西藏的措美、隆子、错那等县都是雪灾的高发区，给当地的畜牧业造成了很大的威胁（图7-2）。特别地，在1985年10月下旬，玉树、果洛、海西等州约25万km^2的区域突降暴雪，积雪达0.4～1 m，气温急剧下降到-42～-24℃，道路封锁，通信中断。受灾地区有16个县市的47个乡，共2亿亩草地，12万人口，500多万头牲畜，这次雪灾中被大雪围困的牧民有6359户，34 533人，冻伤群众7000多人，伤残3人，死亡2人。灾情持续时间长，牲畜无草可食，发生相互啃食被毛、活畜啃食死畜等现象，共损失家畜193万只，减损43.70%，直接经济损失1.2亿元，有3000多户成了无畜户（温克刚，2005）。

1995年10月至1996年4月底，玉树境内连续5次出现大的降雪天气，降雪区累计积雪厚度达60 cm，大部分地区平均气温在-26.5～-15.8℃，致使大面积草场被积雪覆盖，造成了“40年罕见的特大雪灾”，全州119 321人、270.7万头牲畜遭受雪灾，因灾死亡牲畜63万头只，死亡率为23.27%，直接经济损失达2.87亿元（青海省农牧厅，2012）。在低温和雪灾来临时，大雪封路、封山，对救援物资运输、邮电通信、防灾抗灾等造成严重影响，给应急救援和救助添加了困难，使得灾害损失加重，成灾风险加大。随着气候变化的加剧，青藏高原地区的雪灾体现出新的趋势和特点。雪灾是高原地区发生频率最高、损失最大的自然灾害，且有两个高发中心，一个是西藏山南地区，另一个位于青海南部和四川西北交界地区，平均每年都会有1～2次雪灾（高懋芳和邱建军，2011）。

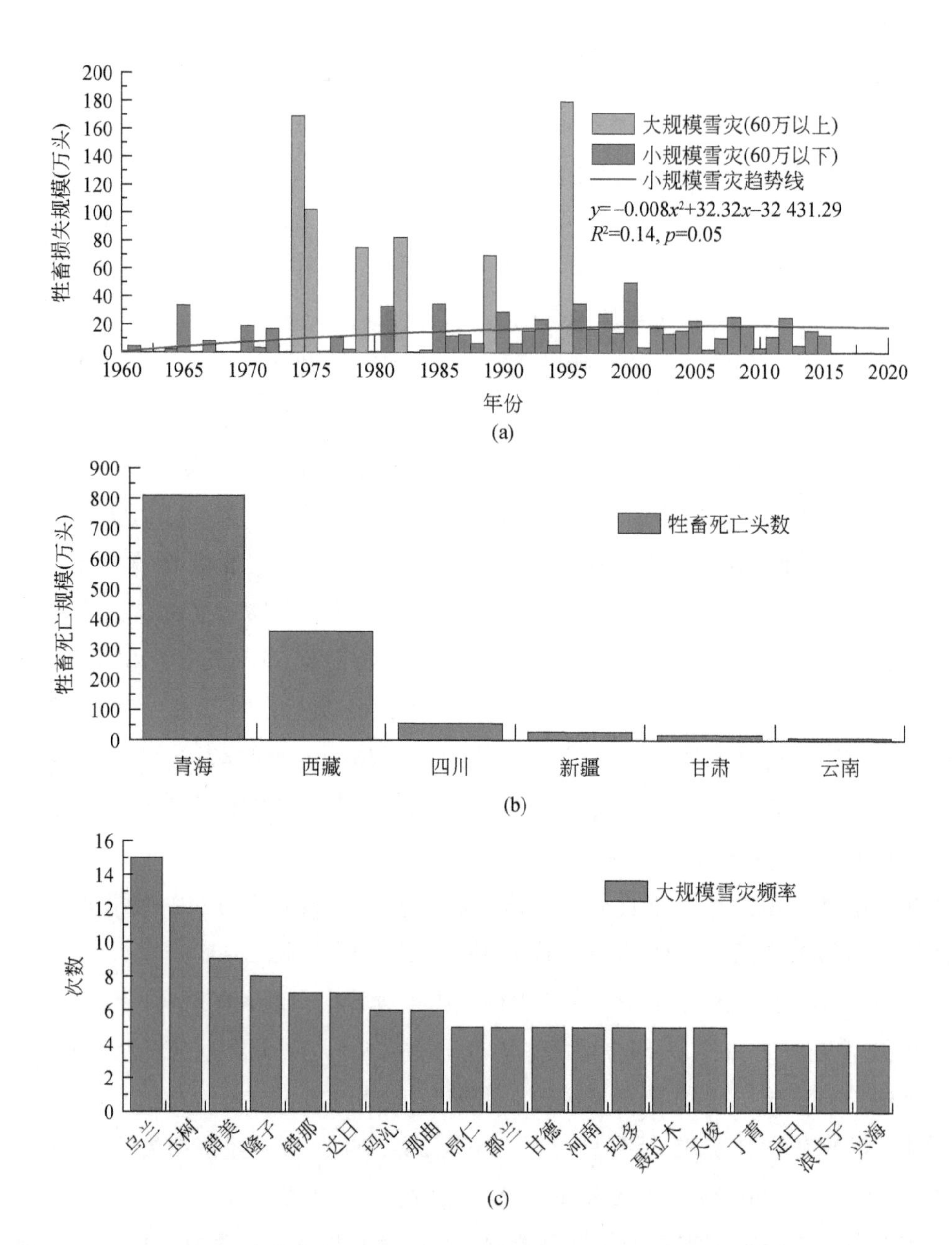

图 7-2 1961 ~ 2015 年青藏高原地区文献记录的规模以上雪灾（有牲畜死亡记录）损失情况

（a）历年牲畜死亡总数（红色为牲畜死亡 60 万头以上年份，蓝色为损失小于 60 万头年份）；（b）历年各省（自治区）累计牲畜死亡总数；（c）以重大雪灾（死亡 1 万头牲畜及以上）次数统计的前 20 个灾害高发县

根据青海 1949 ~ 2002 年的气象资料和各地雪灾发生资料研究，认为青海雪灾风险高的地区主要集中在青南地区，其中以甘德、久治、称多、达日以及玉树、泽库的部分区域为最高，而雪灾风险低的地区主要在柴达木盆地和东部农业区（何永

清等，2010）。在趋势方面，郭晓宁等（2010）利用青藏高原45个气象站1961～2008年冬季（10月至翌年2月）和春季（3～5月）的积雪深度资料研究了青藏高原雪灾时空尺度、强度及发生频次等的变化。结果表明，近50年来青藏高原除了特大雪灾发生频次变化趋势不明显外，其他等级的雪灾发生频次年际变化均呈现上升趋势。但目前以青藏高原为整体、以雪灾为视角结合的风险评价研究还相对较少，尤其是在气候变化下雪灾对整个高原的畜牧业的影响方面的研究还相对较为薄弱。

（二）空间特征

从雪灾频率及规模的空间分布来看，青藏高原地区的雪灾主要发生在青海湖附近及青海南部的玉树、果洛两州；在西藏则主要分布在临近喜马拉雅山的日喀则和山南，另外那曲及昌都的灾害也比较高，其他地区的规模以上的灾害则相对较少（图7-3）。

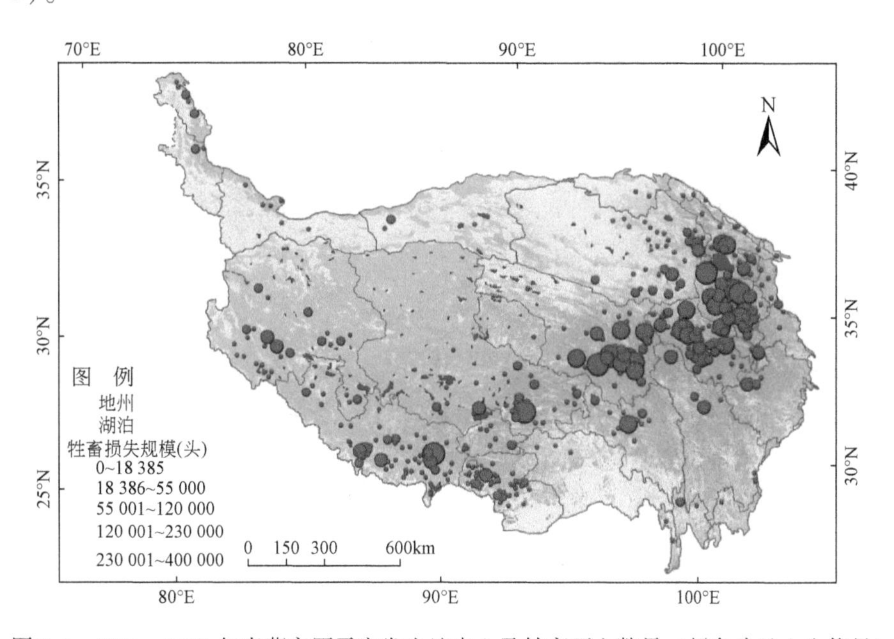

图7-3　1961～2015年青藏高原雪灾发生地中心及牲畜死亡数量（绿色为地上生物量）

结合牧草地的分布及人口及牲畜分布可以看出，这些地区是青藏高原地区主要的牧区，其牲畜密度和人口密度相对较高，在灾害来临时同等规模的灾害在牲畜及人口密集的地区造成的死亡损失也最重。从青藏高原地区雪灾的发生时间来看，冰冻灾害主要发生在10月至翌年的3～4月，由于青藏高原地区的畜牧业以游牧为主，对于冬季牲畜越冬的准备不充分，冬季草料储备、圈棚建设等相对较差，露天放养使得在冬天低温的情况下牲畜膘情下降，牲畜抵御低温及寒冷的能力减弱。另外，由于青藏高原地区的牧草普遍较短，在积雪深度达到 3 ~ 4 cm 时，牲畜采食存在困难，因此一旦雪灾来临，持续 5 ~ 6 天及以上时，极易发生死亡性灾害损失，造成严重的灾难性后果，这也是青藏高原地区的低温冰冻灾害较我国其他地区严重的主要原因。

五、综合风险评估与区划

（一）雪灾危险性分析

雪灾综合风险危险性指数能反映一年中雪灾的发生频率、规模及其严重程度，是雪灾风险因子的综合反映。另外，历史上容易发生雪灾的地区的气候条件对未来发生雪灾具有很大的可能性，因而其也是容易发生雪灾的地区。因此，历史上雪灾发生的概率能反映出该地区雪灾的易发性。本书将历史上雪灾发生的概率作为计算雪灾危险性指数的评价指标之一。致灾因子和孕灾环境危险性主要受冬春季雪深、积雪日数、低温日数，以及产草量共同影响，其雪灾危险性指数计算如下：

$$\mathrm{HI}=0.18\times S_{\mathrm{depth}}\times 0.05\times D_{\mathrm{snow}}\times 0.05\times D_{\mathrm{frozen}}\times 0.07\times P_{\mathrm{grass}} \quad (7\text{-}6)$$

式中，HI（hazard index）为雪灾危险性指数；S_{depth} 为累积雪深，mm；D_{snow} 为积雪日数，天；D_{frozen} 为平均日气温小于 1℃低温日数，天；P_{grass} 为产草量。

结果显示，1960 ~ 2015 年青藏高原年累计雪深及其积雪日数总体呈现先增加后减小趋势（图 7-4）。从分段线性拟合的结果来看，1998 年似乎是一个转折点，在此之前，累计雪深及积雪日数均呈现出明显的增长态势。之后，这一趋势又逐渐减缓。低温天数（<1℃）则呈现出逐步的下降趋势，这说明低温灾害在近些年有下降趋势，且这种趋势较为明显，尤其是在最近的十几年中表现的更为剧烈（图 7-4）。青藏高原生长季（5 ~ 9 月）多年平均 NDVI（GS NDVI）总体上呈现出波动性的增长态势。近 30 年，青藏高原 NDVI 总体上呈现上升趋势。1982 ~ 2014 年，高原 NDVI 年增长率为 0.0048/10a（$R=0.71$，$P<0.0001$）。空间上，青藏高原 NDVI 上升幅度整体呈现由东南向西北逐步递减的趋势。实际上，80 年代，青藏高原呈现良好增加趋势，增加幅度为 0.002/10a，增长趋势呈现由东南向西北逐渐下降趋势。

90 年代，青藏高原表现出微弱的下降趋势，降幅为 0.003/10a。2000 ~ 2010 年，高原 NDVI 增长较为显著，增幅达到 0.002/10a。牧草是畜牧业依赖的基础和根本，NDVI 的缓慢增长证明整个青藏高原生长季牧草地上生物量有逐渐增加的趋势，这有助于提高对牲畜的承载力，对减缓雪灾风险有着较为积极的作用。

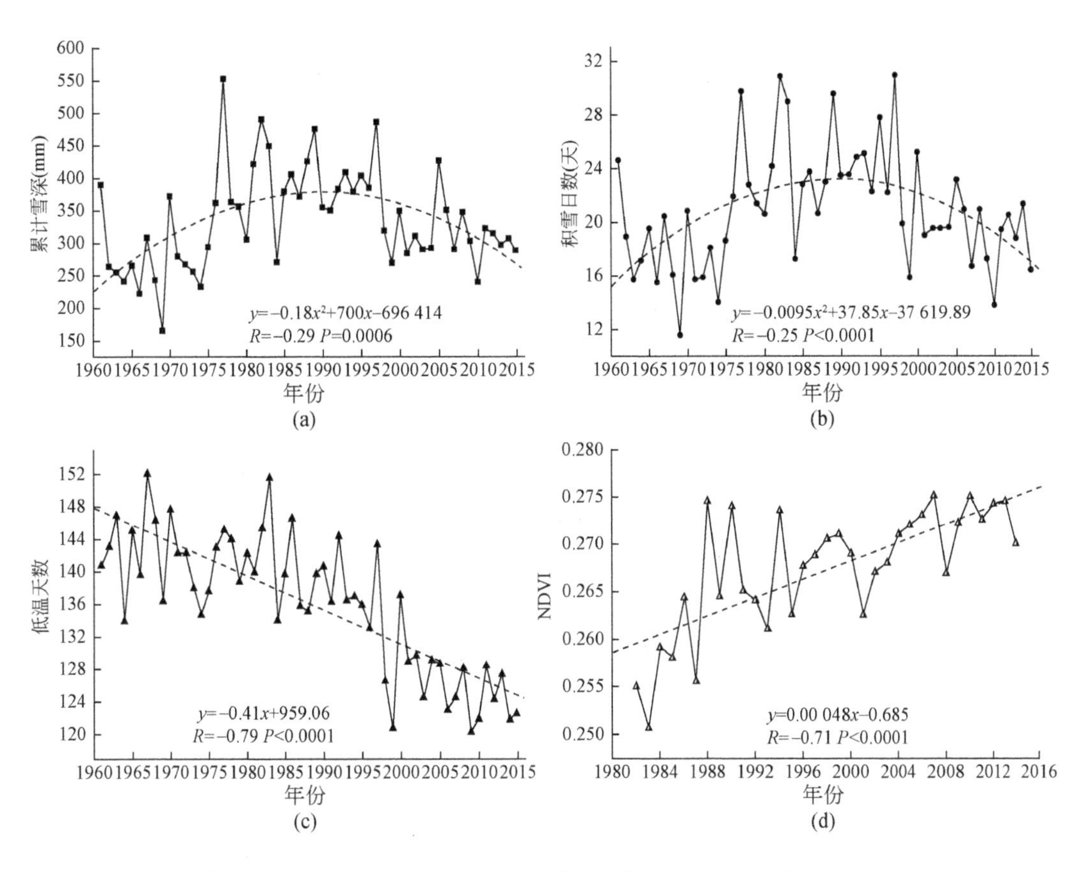

图 7-4　高原多年累计雪深（a）、积雪日数（b）、低温天数（c）及生长季（5 ~ 9 月）平均 NDVI（d）变化趋势虚线为线性趋势

为了在空间上清楚地反映以上四个指标的空间分布，本书基于各项因子在 1961 ~ 2015 年间的多年平均值，利用 ArcGIS 的空间分析计算模块分别计算了各个指标的空间分布情况，并将所得结果归一化到 0 ~ 1，其数值越高，对应的指标数值越大，风险度也越高。为了对各个指标进行相互的比较，本书将危险性高的数值显示为红色，危险性低的数值显示为绿色。另外，由于青藏高原地区覆盖面积较大，在兰伯特投影（lambert conformal conic）下，该区域的总面积约为 2.57×10^6 km²，较高的

数据精度将会使计算过程冗余较大，本书在站点数据的空间插值及计算时统一采用 7.9 km×7.9 km 精度。具体插值结果如图 7-5 所示。

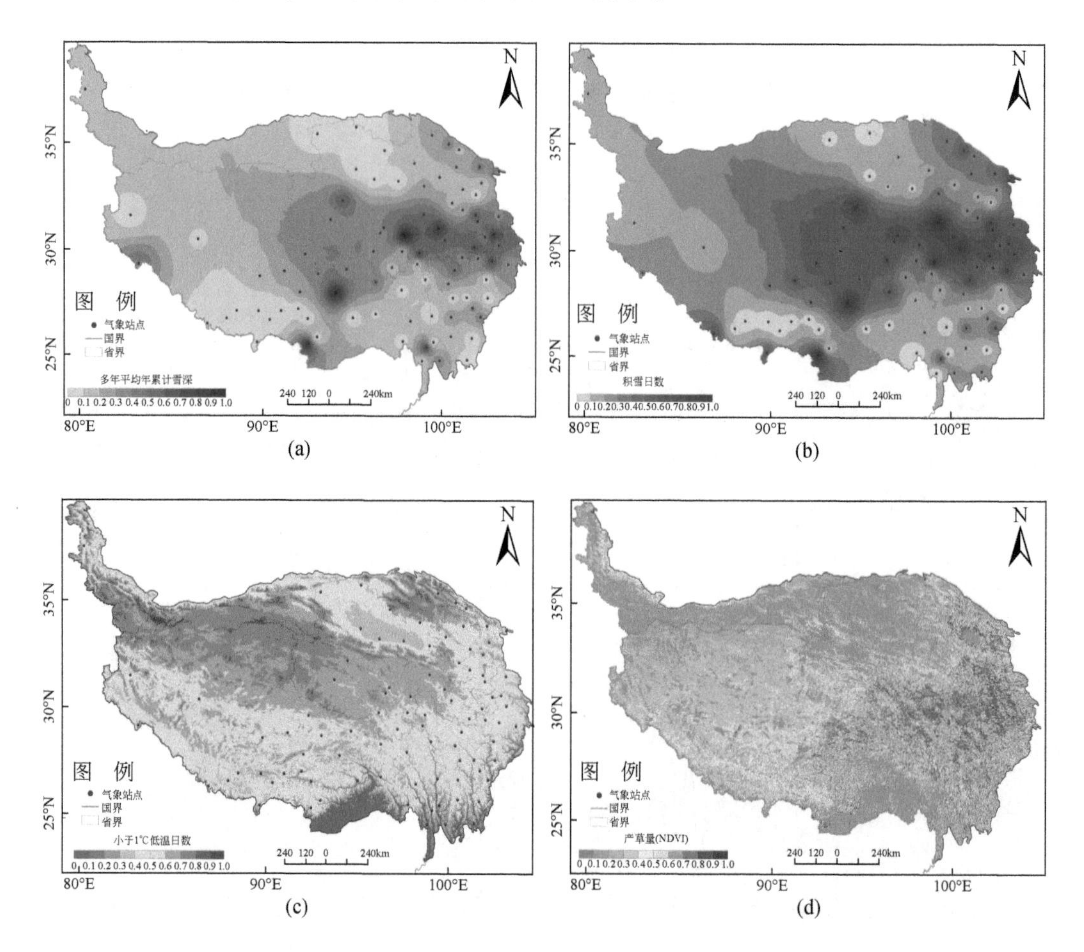

图 7-5　青藏高原雪灾危险度指标中多年平均年累计雪深（a）、积雪日数（b）、低温日数（c）和产草量（NDVI）（d）空间分布

从 1961～2015 年的平均累计雪深情况来看，年累计雪深和平均积雪日数在空间分布上表现出较为明显的一致性。高危险区集中分布在甘肃甘南地区、青海南部、西藏的那曲及山南等地区。从畜牧业的重心分布可知，这些地区恰好是青藏高原畜牧业较为集中的几个地区，大量的牲畜在此分布，积雪事件较多和规模较大是这些地区形成畜牧业雪灾的重要原因。从低温天数的空间分布来看，其分布与海拔有较为密切的关系，基本上反映出了随着海拔的增加，低温天数明显增加的趋势。以 NDVI 反映的牧草产草量的变化来看，高原的南部及东南部、高原的东北部地区

处于相对的退化状态，这些地区在畜牧业的气候变化脆弱性中是较为敏感的地区；而高原的中部及西南部的高海拔地区，受增温等气候变化的影响，草量有逐渐增加趋势，对于畜牧业来说，牧草量的增加有利于草地承载力的增加，因而对畜牧业有促进作用。在海拔相对较低、气候环境相对较好的高原南部、东南部及高原东部边缘区，牧草退化与牲畜规模的增加有着非常紧密的联系。

基于以上四个指标，本书计算了雪灾危险性指数（HI）（数据进行了归一化处理），HI 空间分布与上述几个指标的分布基本上保持一致。总体来看，雪灾综合风险高值区位于青海南部及其周边地区（青海南部高原）、青藏高原东北部祁连山以南山区，以及青藏高原南部山南地区。虽然西藏的阿里、日喀则地区风险度较小，但这一地区属于冈底斯山–喜马拉雅山系，海拔普遍较高，雪灾也较易发生（图 7-6）。

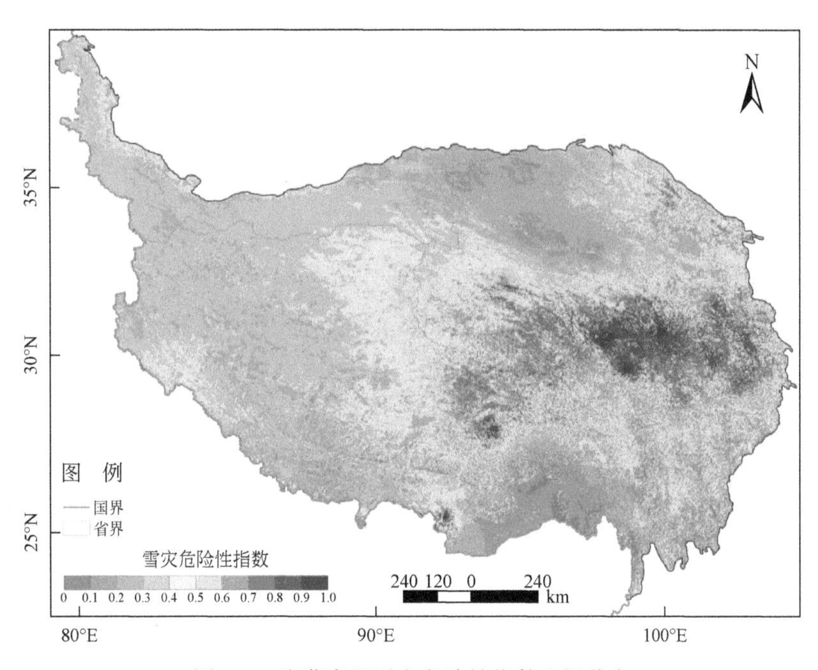

图 7-6　青藏高原雪灾危险性指数空间分布

（二）暴露度、脆弱性及适应能力

1. 暴露度

较牲畜密度，牲畜超载更能反映牲畜越冬时草料的紧张程度，在暴露度中是一个极好的指标。本书选取牲畜超载率作为暴露度指标以反映青藏高原雪灾承灾体的暴露程度，超载率越高说明放牧强度越高，对草地破坏越严重，应对雪灾能力越弱。超载率的计算流程如下。

（1）卫星影像数据

青藏高原地区覆盖面积达 2.57×10^6 km^2，区域内地貌复杂，其内部的各个生态地理分区间差异很大，因此对整个高原的草地生产量的估算来说，选择一种观察时间长、覆盖范围大，又能够在分辨率上不至于太低的遥感影像数据是关键。考虑到以上方面对数据的要求，本书选择美国国家航空航天局的 EOS-MODIS Terra 星数据作为草量计算的基础。MODIS 数据中用于计算 NDVI 的第一波段（RED 波段）和第二波段（NIR 波段）是经过大气校正的地表反射值，波幅更窄，避免了 NIR 区的水汽吸收问题，这两个波段空间分辨率为 250 m，能较好地反映草地的空间差异，可以获得不同季节不同时相数据。本书选择美国国家航空航天局提供的 MODIS Terra 星的月合成 NDVI 数据（http://www.gscloud.cn），空间分辨率为 250 m，数据格式为 TIFF 格式，时间序列为 2000 年 2 月到 2015 年 12 月。数据经过了 Krasovsky_1940_Albers 投影转换，中央经线 105°E，在 GCS_Krasovsky_1940 坐标系中与青藏高原的边界进行了匹配和切割。

（2）野外草地调查样品数据

2011～2015 年，在青藏高原的拉萨、那曲、索县、果洛、班戈、格尔木、西宁等地进行野外草地调查。在上述地区共计 84 个采样点进行调查，其中 2011 年共计样点 40 个，2013 年共计样点 44 个。除去 5 个数据缺失点后，样地共计 237 个。其中，草甸草原样地 24 个，典型草原样地 126 个，荒漠草原样地 15 个，高寒草原样地 51 个，高寒草甸样地 21 个。

样地选择在生长季中没有受到刈割和放牧干扰的具有代表性的草地，每年的调查均在 7 月下旬至 8 月上旬的生长季旺盛期。在每处样地设置 10 m×10 m 的范围，沿对角线随机设置 0.25 m×0.25 m 的 3 个样方，同时利用 GPS 记录样方点的经度、纬度、海拔等位置信息，并对草地类型和草地生长状况、退化程度等做详细记录。生物量采集中将每个样方的地上部分齐地面刈割，除去黏附的土壤、砾石、旧有植物残体等杂物后用信封封存（信封重 3.6 g），在当天即用便携式的电子秤称量并记录鲜重。回到实验室后于 65℃条件下烘干至恒重后称量，并按照样方比例计算出单位面积的产草量（Wei et al.，2017）。计算流程如图 7-7 所示。

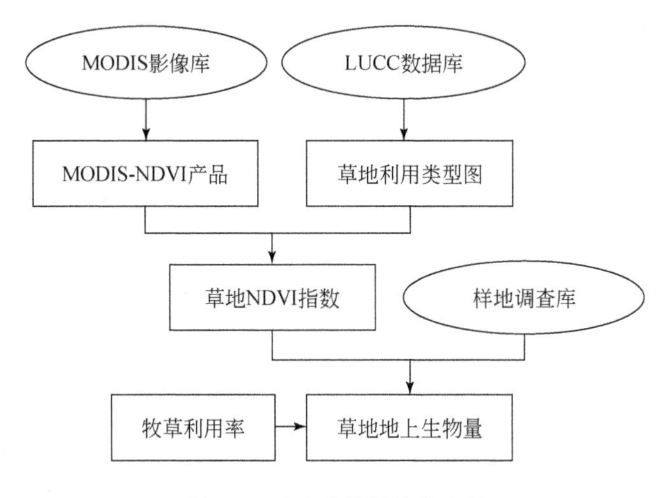

图 7-7　地上生物量计算流程

（3）超载率计算

在草地资源评价中，通常用理论载畜量（theoretic carrying capacity，TCC）作为评价草地生产力的指标。理论载畜量的计算公式如下：

$$\text{理论载畜量(TCC)} = \frac{\text{可采食牧草总量}(M)}{\text{一个羊单位的年采食量}(m_0)}$$

$$= \frac{\sum_{i=1}^{n}(k1_i\, k2_i\, k3_i\, p_i\, S_i)}{5 \times 365}$$

$$= \frac{\sum_{i=1}^{n}(k1_i\, k2_i\, k3_i\, p_i\, S_i)}{1825} \tag{7-7}$$

式中，TCC 为某区域内各种类型草地载畜量，羊单位（sheep-unit，SU）。本书中每个羊单位的日采食量按 5 kg 鲜草（合 1.2 kg 干草）计算，全年放牧天数按 365 计算。

由于青藏高原地区覆盖范围较广、区内不同的生态气候分区间差异很大，因此草地产草量的计算要根据草地的类型来计算以更接近实际值。因为只有相同类型的草地才具有大致相同的生境（如水、热、光照、地形、土壤等条件）以及与环境相适应的生物学特性（如高度、盖度、优势种、地上生物量等）。另外，在载畜量计算中，只是草地地上生物量的一部分被牲畜采食，即可采食牧草系数，如果全部采食则会引起草场退化等不可再生性的后果，因此在含有 n 个草地类型的某地区其草地理论载畜量可按下式计算：

$$M = \sum_{i=1}^{n} (k1_i\, k2_i\, k3_i\, p_i\, S_i) \tag{7-8}$$

式中，M 为某区域内各类草地可采食牧草总量，kg；$k1_i$为第 i 类草地的可利用面积系数（即可放牧草地占总的草地面积的比例）；$k2_i$为可食牧草系数；$k3_i$为草地放牧利用率；p_i为第 i 类草地的牧草单产，kg/hm²；S_i为第 i 类草地的面积，hm²。

综合青藏高原地区牧草采食率研究中的相关成果（李英年，2000；赵新全，2009），本书 $k1_i$、$k2_i$、$k3_i$ 3 个系数值分别为 0.85、0.80、0.60，即综合草地利用率为 40%。产草量（p_i）是通过利用地面调查数据与对应 NDVI 像元灰度值之间关系建立回归模型，来将 NDVI 值转换为草地的地上生物量。为了能准确估算青藏高原地区草地的实际生产能力，本书拟合了各种模型，结果发现乘幂模型拟合度较高，其 $R^2=0.5391$，$P<0.01$（魏彦强，2013）。

计算所得的最大潜在载畜量和理论载畜量可通过与该地区内现有的草原实际载畜量进行比较，得到该地区草地放牧超载状况信息，其中，放牧超载评价方法如下（马轩龙，2008）：

$$\eta_{\text{actual}} = \frac{|M_0 - \text{TCC}|}{\text{TCC}} \times 100\% \tag{7-9}$$

式中，M_0为通过换算的羊单位实际牲畜数量，Su，换算方法是：1 匹马=6 个羊单位，1 头牛=5 个羊单位，一头驴、骡、鹿等=4 个羊单位，一只绵羊为 1 个羊单位；η_{actual}为理论载畜量超载率,%；TCC 为利用遥感数据计算的草地理论载畜量，SU。

本次采样点对应的 NDVI 值集中在 0.2 ~ 0.85，由于采样是针对牲畜可采食的草地而言，草地盖度较低、退化严重的牧草稀疏地未进行采样，另外，牲畜不可采食的灌丛、疏林地、林地等都未进行采样。由于采样时对样方的这种筛选，较低的 NDVI 值（如裸地）和较高的 NDVI 值（如林地）均未出现，从统计得到的 NDVI 分布来看，此次样本的采集分布较为合理。

从拟合的曲线与样方数据间的关系来看，NDVI 的大小基本能反映样方草量的多少。从总体趋势上看，二者之间呈现出较为一致的正向相关关系，即随着 NDVI 值的增加，所采集的样方中的草量在逐渐增加，这与现实中的情况较为吻合。从拟合结果看（表 7-2），NDVI 值在 0.2 ~ 0.8 的区间段内，几个拟合方程效果均比较接近。其中拟合效果较差的是线性和二次函数拟合效果，从拟合方程的统计结果来看（表 7-2），其回归方程的决定系数 R^2分别为 0.4331 和 0.5196（$P<0.1$）。拟合度较

高的是三次函数模型、乘幂模型和指数模型，其 R^2 分别为 0.5409、0.5391 和 0.5411，置信度分别为 $P<0.05$、$P<0.01$ 和 $P<0.01$，这三个拟合函数在采样点所对应的区间内其拟合值非常接近，拟合效果较为理想。仔细分析可以发现，由于各个函数的增长特点不同，NDVI 值在 0.1～0.2 和 0.8～1 这两个区间内时，三个拟合函数之间的差异性均很大。另外，以等比级数计算的增长型拟合度也较高，其决定系数 $R^2=0.5020$，$P<0.05$（Wei et al.，2017）。

表 7-2　草地样方生物量与 NDVI 之间各种回归模型的回归方程及检验系数

编号	名称	回归方程	R^2	F	P
y_1	线性模型	$y_1=54.435x-3.4926$	0.4331	138.5153	$P<0.1$
y_2	二次模型	$y_2=31.7638-96.5876x+143.7711x^2$	0.5196	98.3437	$P<0.1$
y_3	三次模型	$y_3=-18.2125+250.4039x-577.2287x^2+462.4784x^3$	0.5409	439.5434	$P<0.05$
y_4	乘幂模型	$y_4=16.9794+102.803x^{5.1909}$	0.5391	583.1570	$P<0.01$
y_5	指数模型	$y_5=15.5108+0.1703e^{6.6132x}$	0.5411	586.0084	$P<0.01$
y_6	生长模型	$y_6=e^{1.7679+2.5507x}$	0.5020	802.3918	$P<0.05$

为了能准确估算青藏高原地区草地的实际生产能力，且兼顾每个拟合函数分别在区间［0.1，0.2］、［0.2，0.8］和［0.8，1］中各自的特点，本书综合以上各种模型各自的特点和拟合优度，选择拟合度较高的乘幂模型（y_4）作为本次研究中草地草量计算的回归模型。利用回归模型计算值与采样点之间的误差，其中平均绝对误差为 7.077，平均相对误差为 26.86%，NDVI 值在 0.3～0.75 的平均相对误差为 25.54%，占总样本数的 75.70%。由于草地生长季的 NDVI 值大部分集中在0.3～0.8。因此，利用该模型，其草地真实估算精度应该在73.2%～74.5%，当 NDVI 值在 0.3～0.75 时，估算精度较高，NDVI 值较低的高原西部地区以及 NDVI 值较高的高原东南部、南部地区则计算值的误差会相对较大。

以理论载畜量和现有牲畜规模的对比发现，在 207 个县区中有 90 个县区出现超载情况，部分地区的超载率在 500% 以上，属于较为严重的超载区。为了从空间上判断超载区的分布，本书以超载率等级为划分标准将 207 个县区的超载情况进行统计，结果如图 7-8 所示。从超载县区的分布来看，超载较为严重的地区主要位于青藏高原的东北部、青海的东南部、川西北地区、西藏的日喀则-拉萨-那曲-昌都地区以及滇西北地区。而超载率较低和未超载的地区则主要分布在高原的北部及广阔的中西部地区。从超载率的空间分布来看，超载较为严重的县区主要集中在青藏高原畜牧业较为集中的地区。这些地区无论从人口密度还是牲畜密度以及经济密度等指标来看，均是青藏高原畜牧业较为集中的地区。这些地区的草地生产力相对较高，逐草而牧的畜牧方式使得这些地区牲畜及人口分布较为集中，是青藏高原重要的牧区和畜牧业集中区。相对于牲畜超载的县区而言，未超载的县区主要集中于青藏高原北部的柴达木盆地附近地区、祁连山及昆仑山附近地区、高原的中西部地区以及高原南部的错那、墨脱、察隅等地区。结合自然地理环境背景可以发现，这些地区大部分位于高原中西部及内陆地区。高原的中西部地区海拔普遍较高、气候环境恶劣，冬季严寒而漫长，地上植物量较小，不适宜牲畜的全年放养。由于自然环境恶劣，这些地区的牲畜及人口分布稀少，在一定程度上缓解了对草地的压力。在草地理论载畜量计算中，牧草因面积相对较广而总量相对较高，加之牲畜规模较小，过牧现象不明显。

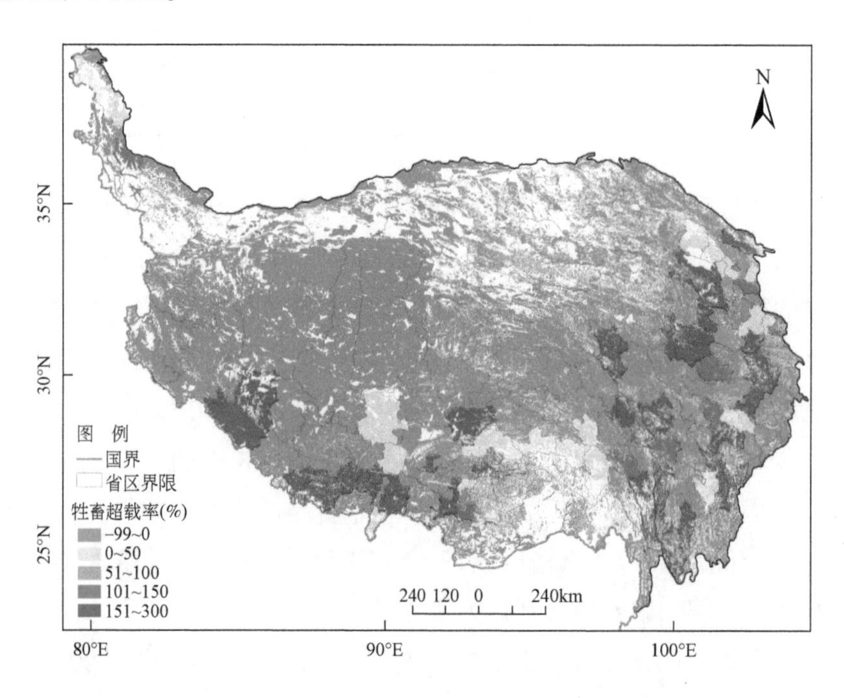

图 7-8 青藏高原反映畜牧业暴露度的牲畜超载率的空间分布情况

2. 脆弱性

暴露体脆弱性主要体现在承灾体牲畜的抗灾性能方面，包括年龄结构、健康情况等。本书仅选取小牲畜（羊）占牲畜总数（以羊单位换算）比例（x_5）作为畜群脆弱性的指标。在雪灾中，绵羊等体型较小的小牲畜对冰冻和雪后缺乏饲草的抵抗力相对于大牲畜（牦牛、马等）较弱，因而是雪灾的受灾重点对象。从总体上来看，脆弱性较高的地区主要位于青藏高原的东北部以及环青海湖地区，另外在西藏的拉萨、那曲、日喀则等地区，小牲畜的比例较高。反映出在这些地区，畜群在雪灾中的脆弱性也相对较高。而在广阔的高原中部和西部地区，以及高原南部的林芝、昌都，四川的甘孜、阿坝等地区，畜群的脆弱性相对较低（图7-9）。空间上的这种分布格局意味着在同等几率和规模的雪灾中，较高的畜群脆弱性面临着较高的雪灾风险。

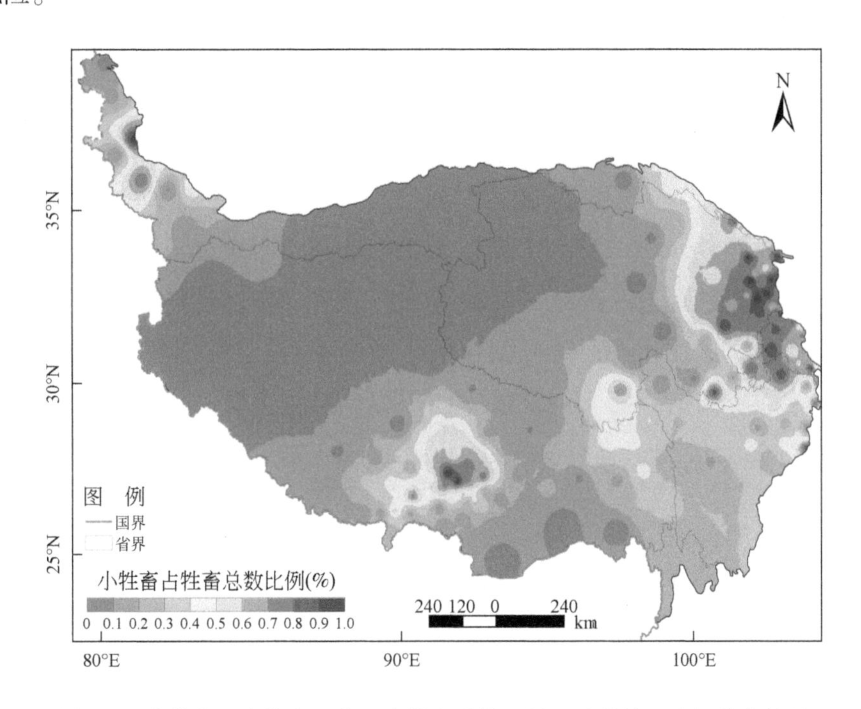

图7-9 青藏高原小牲畜（羊）占牲畜总数比例（脆弱性）空间分布情况

3. 适应能力

适应能力反映了作为承灾体的一部分及其他承灾体财产的拥有者的人类应对灾害的主观能动性，强调主动预防与灾后恢复的能力强弱（Vogel et al., 2007; Williamson et al., 2010; Hallegatte et al., 2011）。在预防雪灾发生过程中，牧民个人适应能力最为重要，其适应能力主要体现在牧民的人均收入方面。同时，社会对畜牧业的固定资产投入（特别是越冬饲料储备、暖棚建设工程）则是减缓牲畜免遭雪灾伤亡的重要措施。空间上，人均财政收入较高的县区分布于青藏高原东北部及北部的城镇密集区。拉萨-林芝附近的雅鲁藏布江河谷及高原东南部的川西高原人均财政收入相对较高。从抵御灾害风险的角度，这些地区的灾害应对及适应能力较强，是适应性较高的地区。人均固定资产投资较大区域主要集中在青海省西北地区、拉萨河日喀则河谷、青藏高原东南部。青海南部及西藏的东北部和广大的西部地区因人均经济总量、人均固定资财产投资相对较小而处于高风险区。这些地区基本上是以牧区为主，是畜牧业比例较高且比较集中的地区（图7-10）。与城镇分布相对密集的地区相比，其人均经济实力和对灾害的应对能力还比较差，反映出广大的牧区发展仍然比较落后，加上其露天的传统放牧方式，当灾害发生后，其抗灾救灾、灾后重建的能力将非常的有限，这将大大地增加牧区的雪灾风险程度。从适应性指数（AI）大小的分布来看，高原北部的格尔木及柴达木盆地附近的县区、西宁及其附近地区、一江两河区、青藏高原东南部边缘区等因经济总量较高而适应能力较强，适应度相对较高。以上这些地区均因海拔相对较低、自然环境相对较好且人均经济水平较高，从而是适应性相对较高的地区。对比之下，广大的高原中部及其西部地区则因海拔普遍高、自然条件恶劣、经济总量较小、固定资产投资密度较小而适应度较低（图7-10）。这些地区主要以畜牧为主，灾害容易发生，空间适应能力与畜牧业分布的不匹配使得畜牧业在雪灾发生时及时补救和应对能力较差，而经济总量及财政收入较小也使得灾害恢复和重建困难。

（三）雪灾综合风险评估

雪灾综合风险指数由致灾因子风险度指数、承灾体的暴露度指数、孕灾环境脆弱度指数及反映应对灾害能力的适应度指数综合构成。由于灾害的发生与历史事件发生的概率紧密联系在一起，即历史上容易发生雪灾的地方，其在可预见的一段时间内，发生这种灾害的可能性将大于其他地区。随着气候变化的加剧，对历史气候灾害的分析将是决定新情景下灾害发生规模和概率的重要参考指标，因此也是综合风险评价中的重要内容。青藏高原雪灾的历史记录资料反映出雪灾在青藏高原有一定的发生规律，尤其是在空间分布规律上。根据灾害发生的一般规律，历史上较易发生灾害的地方，其成灾环境较其他地区敏感，容易发生灾害并造成损失。

基于以上对灾害风险评价中各类因子空间权重叠加计算，结合雪灾危险性指数、承灾体的暴露度指数、孕灾环境脆弱性指数，以及反映应对灾害能力的适应度

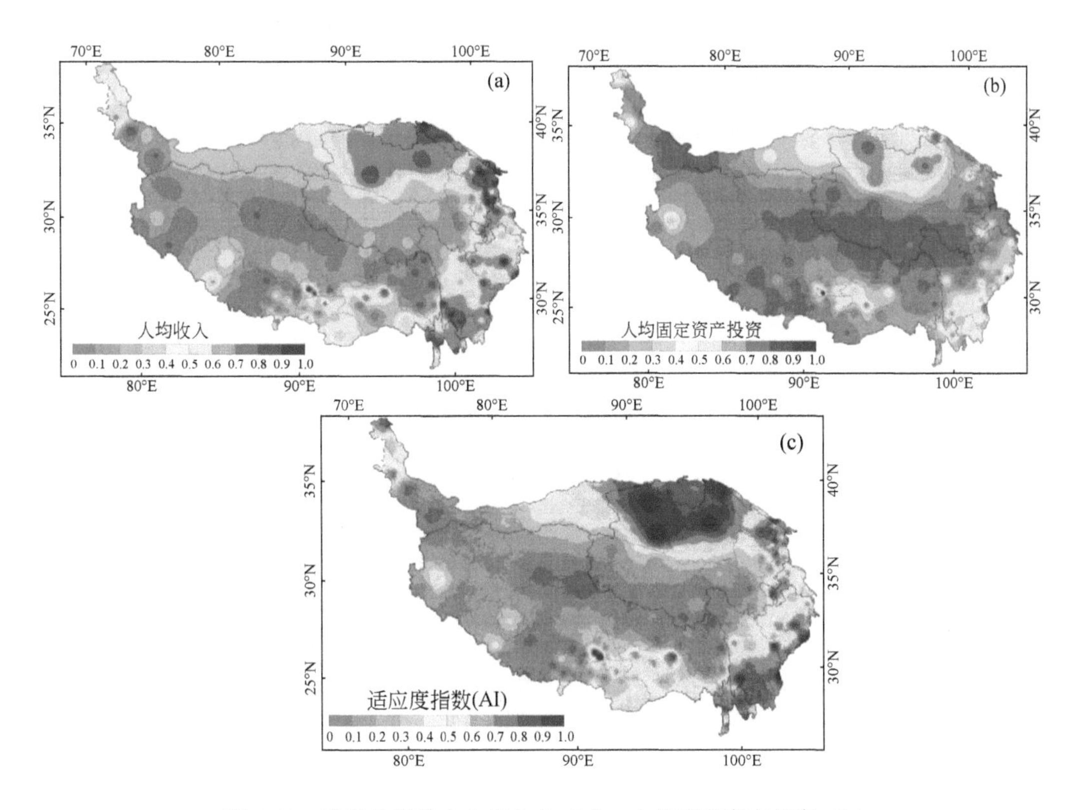

图 7-10 适应性指数中人均收入（a）、人均固定资产投资（b）以及适应度指数 AI（c）空间分布

指数的计算结果，本书最后计算了青藏高原雪灾综合风险性指数 IRI 的空间分布（图 7-11）。IRI 指数能反映出以上四个领域层中各个指数的空间叠加和结合情况。对于任何一种自然灾害，致灾因子及孕灾环境的危险性固然重要，但对雪灾承灾对象而言，其自身的暴露度及脆弱性、适应度则是反映雪灾综合风险程度的重要指标。

青藏高原雪灾的历史记录资料显示在过去 50 多年里，雪灾主要发生在青藏高原青海省中东部大片区域以及西藏那曲和日喀则地区部分县市。根据灾害发生的一般规律，历史上较易发生灾害的地方，其成灾环境较其他地区敏感，容易发生灾害并造成损失。这一论断也反映在青藏高原雪灾风险方面。结果显示，雪灾历史灾情与综合风险指数空间分布具有明显的一致性，其雪灾综合风险指数较高区域主要集中在青海东北部及南部的海南、黄南及果洛、玉树等地区，以及四川西北部的甘孜、阿坝等地区。这一高风险区一直延伸到西藏的索县、那曲、日喀则等地区。从高原整体来讲，高风险区在地理空间上形成一个自高原东北部至西南部延伸的风险带。相对而言，高原北部的海西及其邻近地区、高原南部的林芝、四川省的西南部、滇西北地区，以及高原西部大片区域等的雪灾综合风险较小。另外，经济总体状况较好的地区，如格尔木、滇西北等地区，由于海拔相对较低，自然环境相较高原中西部高海拔地区较好，雪灾等灾害性天气较少，因此总体上雪灾的风险性较小（Wang et al.，2019）。

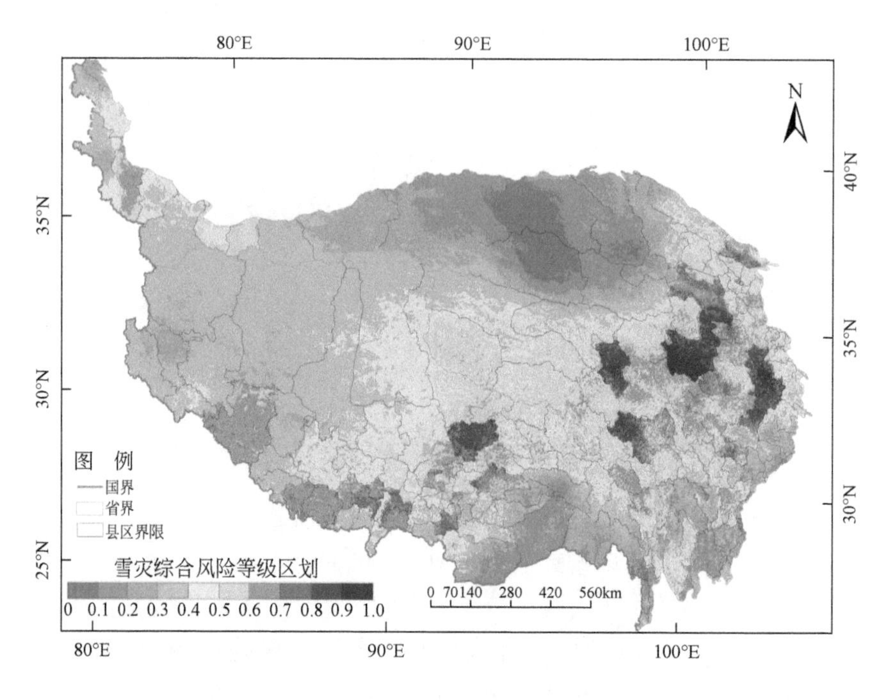

图 7-11 青藏高原地区雪灾综合风险指数 IRI 及空间区划

六、综合风险管理

从雪灾综合风险指数高风险区的分布来看，这些地区基本集中在畜牧业较为集中、牲畜和人口较为稠密的牧区，而这些地区由于游牧等传统牧养方式的限制，对雪灾抵御能力较弱，加上总体上经济实力较弱，在与外界的连通上受复杂地理环境的影响而连通性较差。加上灾害频发，历史上这些地区的雪灾曾造成过频繁而严重的牲畜死亡及人员伤亡事件，对畜牧业发展造成了破坏性的影响。综合风险管理主要立足于危险性风险预测、暴露性风险减少、脆弱性风险降低和适应性能力提升四大方面（王世金等，2014）。

（一）降雪事件监测战略

规避或降低雪灾风险很大程度上依赖于对降雪事件的有效而准确的预测预报信息以及对积雪面积和雪深的监测结果（王世金等，2014）。目前，对于牧区雪灾致灾体危险性风险的判定主要集中于降雪预报和积雪监测两方面。通过降雪预报和积雪监测，以确定牧区雪灾致灾临界气象条件，并通过雪灾气象要素预警，提高牧民和当地政府对雪灾潜在风险的关注意识。

牧区雪灾产生及其影响程度最直接、最重要的因素便是降雪和积雪，特别是区域性、连续性降雪天气过程。因此，建立和发展精细化的青藏高原春季和冬季降雪天气气象预报系统和公共气象服务平台，提升其预测预报水平及服务能力，是预防和减轻雪灾风险最前沿、最重要的防范措施。特别是，要加强青藏高原西部广袤地区气象台站的加密布设、新一代天气雷达在重点区域的架设，发展其他低级遥感观测系统，建成地基、空基、天基观测系统组成的气象灾害立体观测网，以实现对牧区降雪事件或积雪的全天候、高时空分辨率和高精度的连续性观测。

降雪天气并不意味着产生雪灾，其雪灾发生的另一因素是平均雪深和积雪日数，因此还须加强对牧区积雪的动态监测。伴随着3S技术的快速发展，现代技术手段越来越多应用于牧区积雪面积、深度的判别和雪灾背景数据库的建立等方面。例如，可以利用遥感影像反演积雪深度、积雪范围，对牧区积雪进行快速监测（Dozier and Marks，1987；Stroeve et al.，1997；Koskinen et al.，1999；Xiao et al.，2002；梁天刚等，2006），在此基础上，结合草地牧草高度分布，可定量估算积雪掩埋牧草高度，进而进行雪灾预警。例如，20世纪90年代，中国科学院兰州冰川冻土研究所和甘肃、新疆、青海、内蒙古、西藏等省份气象局建立的积雪或白度之遥感监测系统（乌兰巴特尔和刘寿东，2004），便是其中一范例。

（二）草畜平衡管理战略

牲畜是牧区雪灾最大的承灾体，而草地资源却是重要的孕灾环境，其雪灾风险源于较高的牲畜密度和畜群结构，以及草地资源不足的区域。因此，平衡草畜理应成为牧区雪灾风险管理的重要对象。

1. 落实草畜平衡战略

动态载畜量控制是草畜平衡管理策略的重要环节（Walker，1993）。例如，超载率较低时，牲畜在单位面积草地上采食量就越多。相反，超载率过大时，牲畜采食量降低，应对雪灾能力将会极大地减小。高原高寒草甸是其重要草地类型，藏系绵羊是组成高寒草甸生态系统的主体。然而，受高寒气候影响，该区草地植被生长期短而枯萎期长的特点造成季节性牧场很不平衡，草畜矛盾突出。在靠天养畜和极度粗放的经营管理方式下，牧区牲畜始终处于“夏饱、秋肥、冬瘦、春乏”的恶性循环之中（Dong et al.，2003；Long et al.，2005；李军保等，2009），其“冬瘦、春乏”期间，牲畜极易掉膘，尤其遇到雪灾，在饲草料储备不足情况下，必将导致大量牲畜死亡。可以说，草畜平衡是草原生态和防范雪灾的关键控制点。

就全球天然草地合理利用而言，通常认为合理的草地利用率为地上生物量的50%，即“取半留半”的放牧利用原则。鉴于青藏高原牧草生长期短、自然条件恶劣，退化草地为45%左右的牧草利用率最佳，冬春草场理论载畜量为4.75 SU/hm^2，年最大放牧利用强度不超过2.5 SU/hm^2。草地产草量、牲畜需求量、季节性变化以及季节性差异等参数是确定冬春季理论载畜量、草地可以放牧利用、舍饲圈养时间的主要依据。在推广草畜平衡战略中，要加强休牧、禁牧、划区轮牧生产方式研究，针对具体地区和情况推进科学合理的退牧还草模式，有计划地合理利用草地资源。

2. 优化畜群结构

畜群结构包括畜种构成、畜龄结构、性别结构等。影响畜群结构的基本因素可概括为生产条件与对畜产品的需求两方面。在社会生产和生活水平都很低的条件下，畜群结构主要决定于生产条件，尤其是可利用饲料资源的状况。随着畜牧业生产水平的提高，对畜产品的需求，尤其是对乳、肉的需求，成为畜群结构越来越重要的影响因素。合理的畜群结构和抗逆性强的牲畜品种是冬春季牧区防灾减灾的基础。一方面，积极引进高新技术进行畜种改良，或者直接引进抗寒优良品种，以优化畜群品种，提高畜群抗灾能力，同时也可以缩短牲畜出栏周期，使生态效益和经济效益有机地统一起来（周立华等，2001）。另一方面，需要对畜群结构进行合理优化。青藏高原畜群主要由牦牛、马和藏羊组成，不同牲畜在积雪期觅食能力各异（董芳蕾，2008）。

3. 提升疫病监测与防治，加快畜群周转周期

面对雪灾，病畜、幼畜、体质较差牲畜往往是主要受灾体。因此，需加强牲畜疫病和寄生虫病的监测和防治工作，进行畜牧业常规疾病预防技术的推广工作，以保证牲畜有健壮体质去适应恶劣气候，抵御雪灾侵袭（乌兰巴特尔和刘寿东，2004；马青山等，2009）。另外，在生产季节大量饲养牲畜，适时适地利用夏秋（生产旺季），而当冷季来临前，就将这批牲畜屠宰，加大畜产品的深度加工，加速畜群周转，缩短生产周期，提高出栏率和商品率，确保“旱涝保收”，以延长畜牧业产业链和减少雪灾致使牲畜掉膘乃至死亡而导致的经济损失。

（三）草地管理战略

草地资源是牧区牲畜极为重要的饲料来源，其牧草优劣与产量多寡，严重影响雪灾脆弱性和适应性风险程度。

1. 退化草地恢复

退化草地的重要表现就是面积增大、退化速度加快，产草量和载畜能力下降，草地鼠害加剧，水土流失严重，生态失衡等。草地生态系统的退化受损是气候变化和人类活动共同胁迫的结果，特别是长期不合理的畜牧业生产和管理方式，是草地生态系统退化的主要原因。按盖度下降比例，天然退化草地等级可分为四级：轻度退化（优势种盖度下降20%）、中度退化（优势种盖度下降20%～50%）、重度退化（优势种盖度下降50%～90%）、极度退化（优势种盖度下降90%以上），四种不同等级退化草地产草量比例分别介于50%～75%、30%～50%、15%～30%、<15%（赵新全，2011）。

考虑到青藏高原的生态安全、水土保持、水源涵养功能，国家相继启动了“青藏高原自然保护区建设工程”“天然草地保护工程”“退牧还草工程”，且取得了明显效果。青藏高原地域辽阔，仅靠国家生态治理工程还远远不够，各地还需根据各地区草地退化程度，因地制宜，根据高寒天然草地退化演替阶段和不同的生态环境，采用封育、补播、施肥、除毒杂草、鼠害防治和人工草地建植等技术措施，加快恢复退化草地植被，积极遏制退化草地的发展或蔓延。然而，仅靠国家生态工程和地方退化草地恢复技术的使用很难完全使退化草地得以恢复，欲标本兼治，不仅需要合理控制草地放牧利用率，进行科学的牲畜管理，而且要辅以灭鼠、植被恢复等综合技术措施，加快草地生态结构和功能恢复。基于此，青藏高原高寒退化草地的治理应包括天然草地改良、鼠害防治、天然草地划区轮牧、季节性封育、人工草地建植以及改变高寒草地传统畜牧业的生产方式，提高或集约化畜牧业等综合防治模式，只有这样，才能实现该地区草地生态环境和畜牧业的可持续协调发展。

2. 饲料基地建设

加强冬季饲草需要量的估算和储存，可减少因牲畜饥饿而导致的灾损。实践证明，建立饲草料生产基地，为畜牧业走舍饲、半舍饲和短期育肥道路提供大量饲料来源，为发展优质高效畜牧业创造了条件（胡自治等，2000；张耀生等，2003；赵新全和周华坤，2005）。储备足够饲草料是预防牧区雪灾的根本措施（董芳蕾，2008），而饲草料的来源则主要来自于天然草地和人工饲草料基地。优质高产规模化饲草料基地建设已在青藏高原得到了广泛应用（马玉寿等，2006），具体技术措施为：根据当地气候和土壤条件，以一年生牧草和高产优质多年生牧草为主要种植品种，进行牧草种植，牧草生长到乳熟期即可采用机械收割，收割后进行裹包青贮，草棚储藏。同时，可以对草产品进行深加工，以提高草资源的利用效用。

（四）基础设施建设战略

棚圈作为冬春季牧区防灾保畜的重要设施，对于畜牧业可持续发展发挥了重要作用。棚圈不仅可以防风御寒，而且可以用于冬季蔽护母、幼畜以提高繁殖成活率，减少牲畜掉膘，使牲畜在冬春季保持较好体况以安全过冬，是防御雪灾的一项重要措施。特别地，在高寒牧区修建太阳能暖棚畜舍，已成为棚圈改进的重要方式，实验证明太阳能暖棚畜舍可增温10～20℃，大大增强了牲畜年初抵御雪灾的能力。通过太阳能暖棚畜舍，可以切实减少风雪严寒给牲畜造成的体能消耗、掉膘和不必要的经济损失（严振英和赵鹏，2000；宫德吉和李彰俊，2001；钱剑等，2003）。

青藏高原部分地区牧户的随机调查结果表明，受访牧户畜棚、畜圈设施较差，且均无暖棚，雪灾发生后，母畜流产，仔畜成活率降低，老弱幼畜死亡率增高。鉴于此，应加大青藏高原牲畜棚圈的建设力度，以降低牲畜因雪灾冻害造成的损失。

（五）雪灾保险战略

现行牧区雪灾灾后救助和重建主要依赖于政府救助，这与社会主义市场经济体制不相适应，应积极探索并逐步建立多种形式的救灾及重建机制，特别是建立牧区雪灾保险机制。降雪事件的精确预报以及承灾区牲畜、草地的合理管理不可能完全防止或避免牧区雪灾意外的发生，雪灾发生必然导致损失，雪灾保险虽然为雪灾风险管理的下下策，但却是弥补雪灾灾损重要的经济来源。目前我国灾害风险管理体系中保险市场的份额相对较低。2008 年，我国灾害损失中的商业赔付比例仅为 0. 6%，远低于国际平均 36% 的水平（杨馥和梁静，2005；郑慧，2012）。可以说，在现有防灾减灾管理体制下，政府和牧民几乎承担了全部雪灾灾损。正是这些问题的存在，限制了商业性保险公司的资金实力、抗风险能力。因此，建立或完善牧区雪灾保险管理体制，借助政府扶持、外资注入等多种投资方式，通过减免商业保险公司部分营业税，积极鼓励商业保险公司参与雪灾保险业务（郑慧，2012）。

第八章　多灾种自然灾害综合风险评估与区划

致灾因子及孕灾环境危险性、承灾体暴露度及其抗灾性能，以及应对自然灾害能力四者共同构成了自然灾害风险系统。同一区域可能受多致灾因子影响，而一些灾害的发生往往又受多致灾因子和孕灾环境驱动，这些灾害往往表现为多灾种、多影响特征，而人口、经济为大多数灾种的主要承灾体，当然部分灾种也有各自特殊的承灾体。以往多致灾因子研究较多，但多灾种研究较少，其原因主要是多致灾因子承灾体和承灾区各异，其叠加分析较难，因此多集中在某一区域的多致灾因子危险性的分析方面。随着自然灾害风险研究的深入，多灾种自然灾害风险得到了越来越多的关注，多灾种自然灾害风险评估理论与方法也被逐步提出并在部分区域得以应用（明晓东等，2013；史培军等，2014）。为系统评估青藏高原多灾种自然灾害综合风险程度，本书结合自然灾害学、灾害系统论、多灾种叠加风险方法，对青藏高原地震、滑坡泥石流、冰湖溃决灾害和雪灾四类灾害进行了多灾种自然灾害综合风险评估。

一、多灾种自然灾害综合风险评估方法

从单灾种自然灾害风险到多灾种自然灾害风险存在一个综合或耦合的过程，这是多灾种自然灾害风险评估的关键。在进行多灾种风险评估时，综合对象和综合方法有不同选择。综合对象可以是多致灾因子和孕灾环境，单一承灾体暴露性、脆弱性和适应能力，进而得到多灾种自然灾害致灾因子和孕灾环境危险性、暴露性、脆弱性和适应性结果；也可以是综合单灾种自然灾害综合风险，进而得到多灾种自然灾害综合风险程度。通过对青藏高原各类灾种自然灾害风险特征进行分析，本书采用 ArcGIS 图层叠加功能计算高原多灾种自然灾害综合风险的评估（图 8-1）。

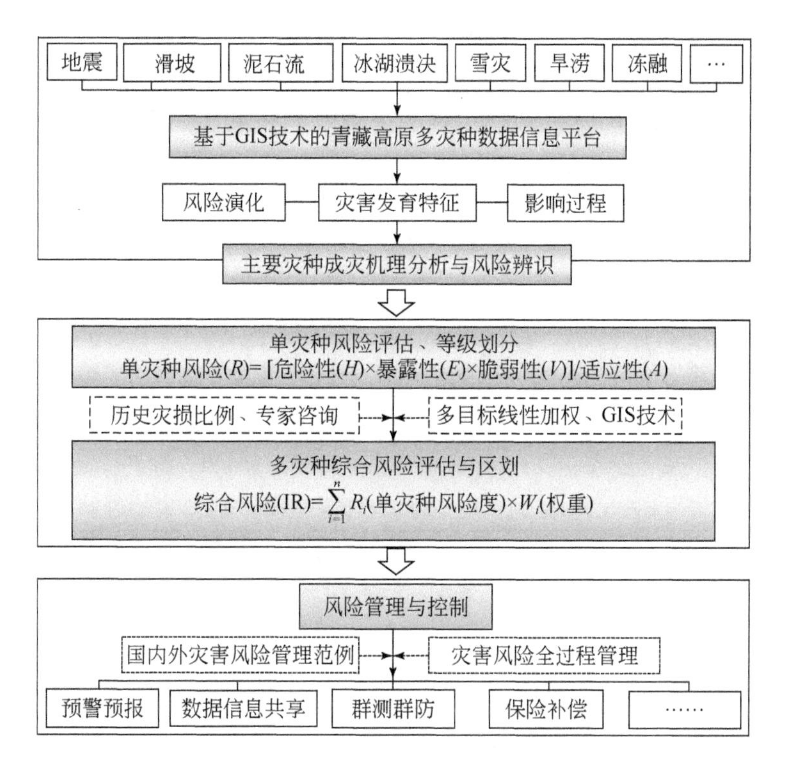

图 8-1　青藏高原多灾种自然灾害综合风险评估方法

本书中多灾种自然灾害综合风险指数评估采用综合指数法模型计算，公式如下：

$$\mathrm{IRI} = \sum_{i=1}^{n} (Z_i W_i) \tag{8-1}$$

式中，IRI 为多灾种自然灾害综合风险指数；Z_i 为单灾种自然灾害风险指数；W_i 为单灾种自然灾害风险权重，$i=1$，2，3，…，n（图 8-1）。该方法同样适用于多灾种自然灾害多致灾因子和孕灾环境危险性的综合评估。

本书中，结合不同类型灾种权重，由各灾种多年平均死亡率、经济损失大小和征询专家建议方式确定其不同单灾种自然灾害风险权重，最终确定地震、滑坡泥石流、冰湖溃决灾害、雪灾的风险权重分别为 0.50、0.25、0.15、0.10。同时，对所有灾种风险评估结果进行归一化处理（采用极差法对指标进行标准化处理）（保证计算结果的取值范围在［0~1］，以消除指标量纲不统一对综合评价带来的影响）。之后，将各灾种自然灾害综合风险评估结果图层重采样至 7.9 km×7.9 km 的栅格，进行加权空间叠加（具体的数据转化见第四章数据转化部分），计算出青藏高原每个评估单元的多灾种自然灾害综合风险指数。最后，将评估结果划分为五个风险级别，极高、高、中、低、极低综合风险（在其算法中，所指单灾种自然灾害风险数据“层”或“指标”即为已经栅格化后的模型空间数据）。具体的多灾种自然灾害综合风险等级区划描述如表 8-1 所示。

表 8-1　多灾种自然灾害综合风险等级区划描述

风险类别	等级	分区描述
极低风险	1	此类地区自然灾害事件发生频率极低，多灾种自然灾害综合风险极低，基本为无人区，虽有自然事件发生，但承灾暴露体近乎为零
低风险	2	此类地区自然灾害事件发生频率较低，多灾种自然灾害综合风险较低，或多灾种多致灾因子危险性很小，或承灾体暴露要素较少，或该区应对或适应自然灾害能力较强，进而综合风险较低
中等风险	3	此类地区自然灾害事件发生频率一般，多灾种自然灾害综合风险处于中等水平，或拥有一定的承灾体暴露要素，或抗灾性能一般，或应对和适应自然灾害能力一般
高风险	4	此类地区拥有一定的人口分布，经济活动较强，自然灾害事件发生频率较高，多灾种自然灾害综合风险较高，这一区域也是历史灾情高发区域
极高风险	5	此类地区人口分布和经济活动密集，自然灾害事件发生频率极高，灾害的发生往往造成严重的人员伤亡、重大的基础设施破坏、环境影响和经济损失，多灾种自然灾害综合风险极高

二、多灾种自然灾害综合危险度评估与区划

青藏高原不同区域往往受多自然事件影响，进而形成一地多致灾因子、多暴露要素的现象。因此，其多灾种综合风险是单灾种综合风险的叠加后果。由于地震灾害的难预测性以及极大的破坏力，其无疑是青藏高原最严重自然灾害，因此，多灾种自然灾害综合危险度主要由地震危险度驱动，其次为滑坡泥石流危险度。基于此，本书中采用综合指数法模型，结合 ArcGIS 空间分析手段，对青藏高原多灾种自然灾害综合危险度及其综合风险进行了系统评估。结果显示，总体上，青藏高原多灾种综合危险度高值区主要集中在高原唐古拉山以南大片区域，以及巴颜喀拉山九寨沟–汶川一带及喀喇昆仑山–阿尔金山–祁连山一带。高原多灾种综合危险度高值区面积为 358 483 km^2，占高原面积的 14.08%。高原绝大部分区域处于低和极低危险区，总面积达 1 523 428 km^2，占高原面积的 59.88%（图 8-2）。不同综合危险度等级区划及其分区描述见表 8-2。

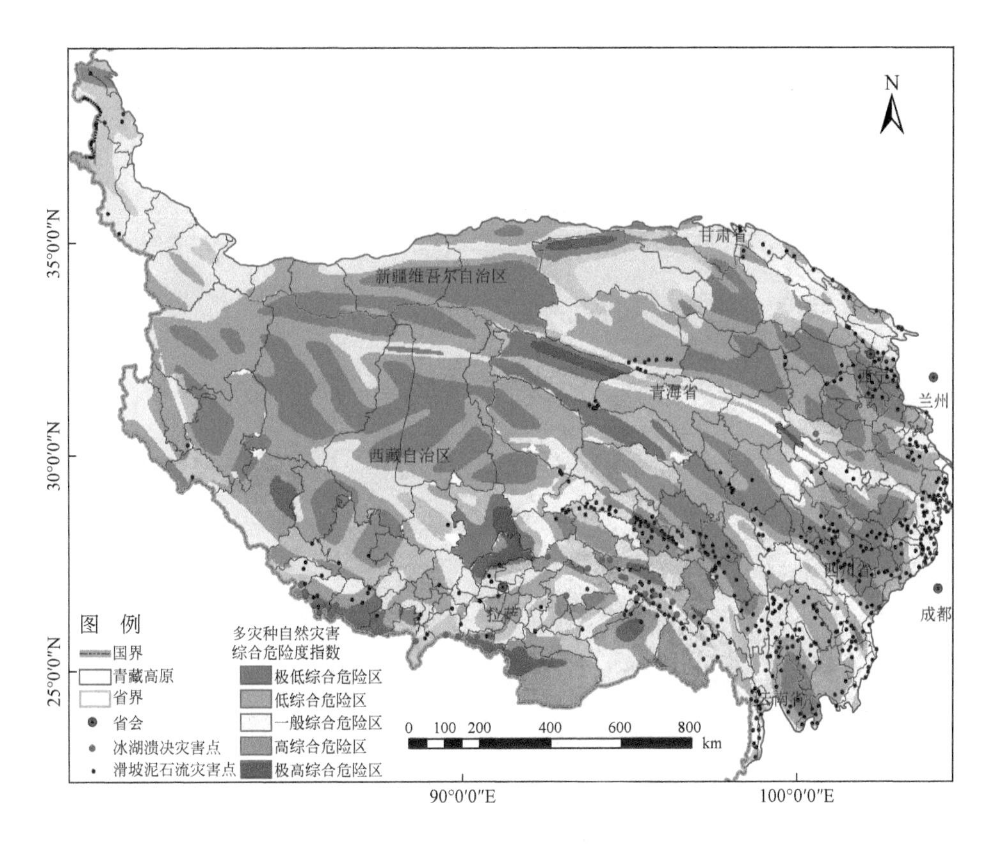

图 8-2　青藏高原多灾种自然灾害综合危险度指数及其区划

表 8-2　青藏高原自然灾害综合危险度等级分区描述

危险等级	面积（km^2）	比例（%）	分区描述
极低危险	644 383.25	25.33	主要位于高原祁连山、巴颜喀拉山、唐古拉山之间的片状区域，该区域相对平坦，地震危害较弱，特别是羌塘高原、柴达木盆地，处于极低综合危险区
低危险	879 044.85	34.55	该区域分布与极低综合危险区具有一致性，主要位于高原祁连山、阿尔金山、喀喇昆仑山以南，唐古拉山以北大片区域
中等危险	662 482.15	26.04	主要位于新疆喀什和和田地区南部区域，以及零星分布于西藏阿里地区札达和普兰县、那曲地区，以及零星分布于唐古拉山沿线部分区域、藏东南零散区域。该区域主要由地震危险性驱动，滑坡泥石流、冰湖溃决灾害、雪灾较少发生
高危险	268 300.59	10.54	主要位于高原南部，特别是唐古拉山西南部大片区域，以及巴颜喀拉山一带、喜马拉雅山最南部、川西甘孜、九寨沟-汶川一带、帕米尔高原以南区域。该区域主要由地震、滑坡泥石流、冰湖溃决灾害和雪灾危险度共同驱动

续表

危险等级	面积（km^2）	比例（%）	分区描述
极高危险	90 182. 45	3. 54	主要位于高原最南部喜马拉雅山南部聂拉木、定日、定结、岗巴、康马、洛扎、错那、隆子一带，以及唐古拉山、念青唐古拉山沿线。极高综合危险区主要由地震、滑坡泥石流、冰湖溃决灾害三者驱动

三、多灾种自然灾害综合风险评估与区划

青藏高原多灾种自然灾害综合风险评估结果显示，高原综合风险等级呈现出明显的空间异质性，综合风险高值区（高和极高风险区）整体上呈现出由高原外围向腹地、南北向中部逐级递减的趋势（图 8-3，表 8-3）。各等级面积大小排序为低风险区>中等风险区>极低风险区>高风险区>极高风险区，所占比例分别为 30. 77%、30. 61%、21. 82%、10. 34% 和 6. 46%。高原多灾种综合风险度高值区面积 426 135. 48 km^2，占高原面积的 16. 80%。高原绝大部分区域处于低和极低危险区，总面积达 1 333 951. 34 km^2，占高原面积的 52. 59%（图 8-3，表 8-3）。与青藏高原多灾种自然灾害综合危险度指数及其区划相比，多灾种综合风险等级与其区划有明显差别，这也充分说明，自然灾害风险是由自然事件危险度和承灾体暴露度、脆弱度及适应能力四者叠加的结果。

依据青藏高原自然灾害频率、强度和综合风险评估结果，可以看出，综合风险高值区主要位于青藏高原南部和东部边缘大片区域，且与多灾种综合危险度指数较高区域基本一致，该区域也是高原多灾种频发地带。高原许多国道均处于多灾种频发地段，其潜在危害巨大。巴颜喀拉山一带尽管危险度较高，但由于人口分布较少，经济活动较轻，故其综合风险指数反而较低。相反，高原东北部祁连山以南、以西宁为中心的大片区域尽管多灾种综合危险度指数较低，但由于密集的人口分布、强烈的人类活动，该区域拥有较高的综合风险指数（图 8-3）。总体上，喜马拉雅山、念青唐古拉山中东段南部地区以冰湖溃决灾害为主，阿坝、甘孜大部分区域以滑坡泥石流灾害为主，成都以北汶川-九寨沟一带则以地震灾害为主，而三江源、那曲、海北则以雪灾为主。可以说，青藏高原多灾种自然灾害综合风险是多致灾因子、多孕灾环境、高密度人口与经济活动，以及较弱的防灾减灾能力共同叠加的结果。

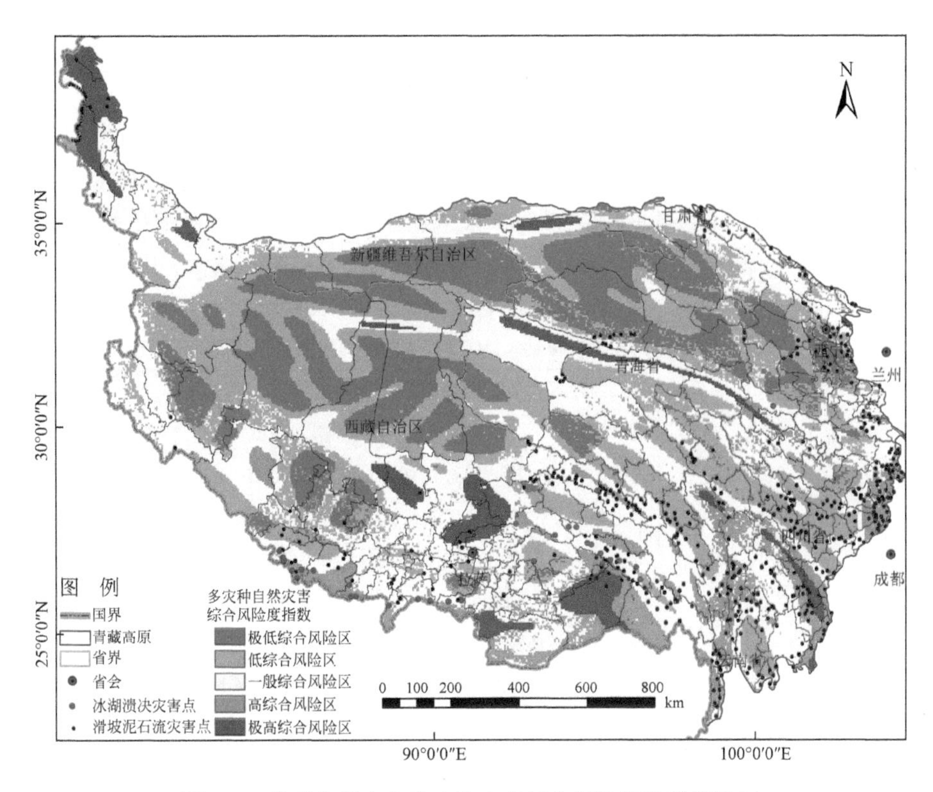

图 8-3　青藏高原多灾种自然灾害综合风险指数及其区划

表 8-3　青藏高原自然灾害综合风险等级分区描述

风险等级	面积（km^2）	比例（%）	分区描述及其对策
极低风险	553 389. 47	21. 82	主要位于高原腹地的柴达木盆地以南、昆仑山周边、羌塘高原、可可西里、冈底斯山部分区域，以及甘孜西北部和青海玉树部分区域。该区人口稀少，经济活动极少，受地形、气候影响，该区各类灾害分布很少，灾害综合风险最小。然而，此类地区生态服务功能极强，未来发展应以生态保护为主、发展为辅
低风险	780 561. 87	30. 77	低风险区空间分布基本与极低风险区一致，但空间面积远大于极低风险区，且主要位于高原中西部，该区或者多灾种发生频率较小，或者人口分布、经济活动较小或较弱；……此类区域同样集中在高原腹地中西部，生态服务功能很强，同样以保护为重。风险管理以减少暴露体要素为主，以增强暴露体要素抗灾性能为辅
中等风险	776 380. 4	30. 61	主要位于高原东南部大片区域、巴颜喀拉山北部一带、祁连山-阿尔金山南部一带、那曲地区的安多、阿里地区的普兰-仲巴部分区域，以及新疆喀什和和田地区西南部大片区域。该区域人口分布较少，交通干线较为密集，农牧业较为发达，然而，该区历史上雪灾、地震、滑坡泥石流灾害发生较少，对其区域影响较小，多灾种综合风险处于中等水平。对于此类区域，风险管理以非工程措施为主，以提高民众防范自然灾害意识为主

续表

风险等级	面积（km^2）	比例（%）	分区描述及其对策
高风险	262 309.23	10.34	高度风险区主要位于高原东北部、成都以北、拉萨市周边、唐古拉山和念青唐古拉山一带、喜马拉雅山中东段、普兰与札达部分区域，以及川西凉山东部区域。该区人口较为稠密、路网密集，农业发达，经济活动较为强烈。冰湖分布较多、滑坡泥石流、雪灾等灾害频发，且分布广泛，灾害综合风险较高。对此类地区，应加大防灾减灾力度，做好灾前土地利用规划，对于人口密集区，应尽早采取处理措施来降低多灾种自然灾害的潜在影响
极高风险	163 826.25	6.46	极高风险区主要位于高原东北部青海西宁、海东地区、黄南地区，甘肃甘南、陇南，四川成都北部汶川-九寨沟、凉山东部，西藏唐古拉山、念青唐古拉山沿线、拉萨周边区域。该区人口稠密、路网密集，农业发达，经济活动强烈。加之，地形起伏大、降雨丰沛，地震、滑坡泥石流、冰湖溃决等灾害分布广泛，严重影响当地生产、经济活动，灾害综合风险极高。对此类区域，应高度关注，尽早落实防灾减灾规划，统筹多致灾因子危险性预估、暴露体减少、抗灾性能提升和适应能力提高四方面。对于多灾种自然灾害频发区域或综合风险高危区，应积极采取工程措施，以防范潜在多灾种自然灾害对人员、经济、基建等承灾体的影响

第九章 多灾种自然灾害风险管理与控制

一、指导思想

自然灾害的发生不以人的意志为转移，抵御和防范自然灾害是当前全球面临的重大生存和发展课题。与风险共存，始终做到忧患在心、准备在前、居安思危、防患于未然，是减灾和灾害风险管理的基本点和出发点（范一大，2008）。以“以人为本”理念为指导思想，围绕“预防为主、避让与治理相结合”和“源头”控制向“全过程”管理转变原则，通过政府主导与公众参与的有机结合，非工程措施与工程措施相结合，建立集“预警预报、风险规避、风险处置、防灾减灾、群测群防、应急救助”于一体的综合风险管理体系，其最终目的在于最大限度地减少或规避自然灾害对承灾体的危害。国际经验已经证明，灾害风险管理可以挽救生命、挽回损失。进入21世纪以来，国际上十分关注全球环境变化与自然灾害的密切关系，减轻灾害风险与社会协调发展的相互关系，以及减轻灾害的风险管理等问题。

二、主要原则

（一）以人为本、全方位规划

青藏高原自然灾害防治要把人民生命财产安全作为防灾减灾的出发点，最大限度地减少人员伤亡和财产损失，将自然灾害高危区且人口密集区作为防灾减灾的重点区域，重点做好这些高危区域村镇、拟建/在建/已建工程的灾评规划，做到主动有序、系统防灾和科学避灾、减灾。同时，将自然灾害评估规划向其他危险区拓展，做到突出重点，全面防御。

（二）防范为主、防治结合

“安全第一、预防为主”，为了防患于未然，达到免受地质灾害威胁和危害的目的，工程建设区划应尽可能避开地质灾害易发区和重要地质灾害隐患点危险地段，无法避开时必须采取工程防治措施。对威胁到乡村民居点的地质灾害隐患点，要进行经济对比，能治理则治理，不能治理的要动员居民搬迁，确保人民生命财产安全。

（三）统筹规划、突出重点

实行“统一规划，突出重点，分步实施、整体推进”的原则，采取因地制宜的防御措施，按轻重缓急推进区域防御，逐步完善防灾减灾体系。集中资金，合理配置各种减灾资源，减灾与兴利并举，优先安排自然灾害防御基础性工程，加强重大自然灾害易发区和高危区的综合治理，做到近期与长期结合，局部与整体兼顾。

（四）多措并举、群测群防

利用多源遥感影像、ArcGIS 等现代科技技术和手段，结合监测预报、实地调查评价、勘察设计、工程治理、避让搬迁等手段，建立以各级地方政府负总责，职能部门各负其责，社会相关部门和社区居民共同参与的专群结合、群测群防的多措并举的综合防灾减灾体系。

三、风险管理框架

自然灾害风险管理是指根据风险评估结果，利用行政决策、战略、组织运行技能和能力去减缓或降低自然及相关环境灾害影响的系统过程。风险管理应立足预防，兼顾应急管理和灾后恢复。按照灾害风险管理过程，自然灾害风险管理总体上可以分为三部分：风险分析、风险评估、风险管理，其目的在于降低自然灾害风险程度。风险分析主要目的在于收集所有相关自然灾害风险的空间信息，如致灾因子、承灾体、孕灾环境，即对致灾因子危险性和承灾体脆弱性的评估。风险评估进程不仅仅局限于风险分析，而且要考虑风险估计后果是否能为现有经济、社会、政治、文化、技术和环境条件所接受。若风险水平较高且不可接受，则必须采取结构性措施或非结构性措施，以降低灾害风险程度（图9-1）。风险管理的重要环节还包括风险监测、更新和风险治理、交流过程。多致灾因子的存在决定了必须要适时进行风险监测和数据更新。对于具有较高危险性的致灾体，要进行灾前预防治理。同时，在灾害风险管理进程中，还需要灾害风险评估者、管理者、新闻媒体、利益相关者和公众进行风险信息交流与沟通，以实现政府主导、多方参与的透明决策过程。

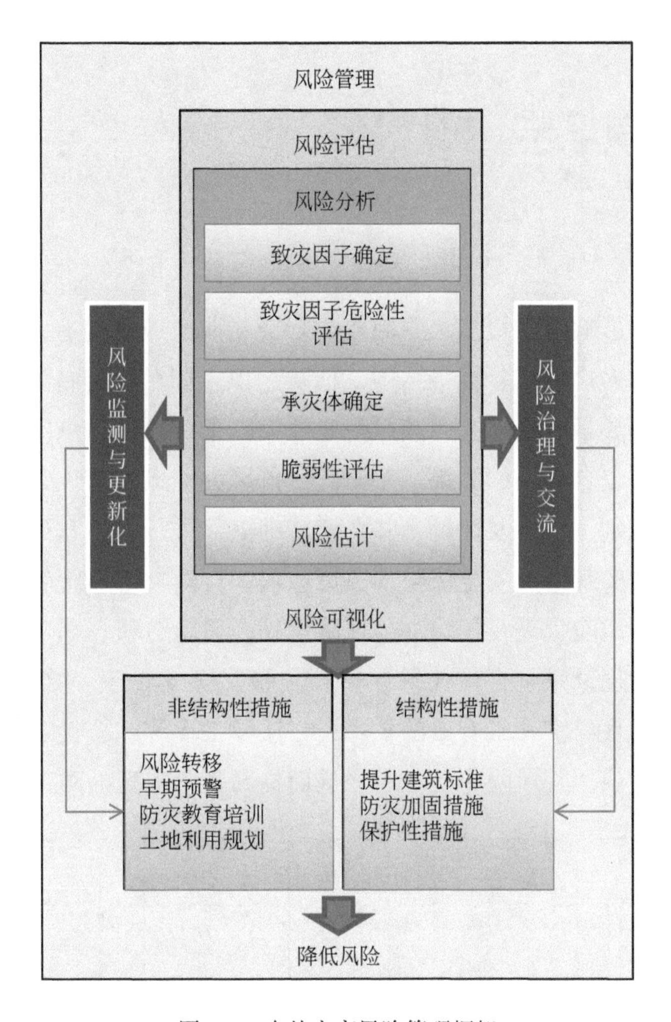

图9-1　自然灾害风险管理框架

青藏高原自然灾害防治要把人民生命财产安全作为防灾减灾的出发点，最大限度地减少人员伤亡和财产损失，将自然灾害高危区且人口密集区作为防灾减灾的重点区域，重点做好这些高危区域村镇、拟建/在建/已建工程的灾评规划，做到主动有序、系统防灾和科学避灾、减灾。同时，将自然灾害评估规划向其他危险区拓展，做到突出重点，全面防御。未来防灾减灾需要做到“安全第一、预防为主”“统一规划，突出重点，分步实施、整体推进”“统筹规划、突出重点”，同时，还需要做到“多措并举、群测群防”，可以利用多源遥感影像、ArcGIS 等现代科技技术和手段，结合监测预报、实地调查评价、勘察设计、工程治理、避让搬迁等手段，建立以各级地方政府负总责，职能部门各负其责，社会相关部门和社区居民共同参与的专群结合、群测群防的多措并举的综合防灾减灾体系。

四、风险管理与控制方法

（一）风险管理与控制流程

自然灾害风险影响因素很多，原因较为复杂，涉及地质构造、天气气候、地形地貌、植被类型、人口特征、牲畜结构、预防意识、饲草料储备、灾害保险、承灾区适应能力等诸多要素。总体上，其风险是致灾因子危险性、承灾体暴露性与脆弱性及承灾区适应性综合作用的结果。基于此，自然灾害风险管理是指人们对潜在自然灾害风险进行识别、估计及评价，并在此基础上，进行全过程风险预防、控制与防御，以最低成本实现最大安全保障的决策过程。自然灾害风险管控是一个连续而动态的过程，包括风险管理目标建立、风险识别、风险分析、风险评价、风险管理方法确定、风险处理及风险管理效果评价等步骤（图 9-2）。自然灾害风险管控的目标是选择或利用最经济和最有效的技术、方法及工程等综合性手段或措施避免自然灾害灾损的发生或使其风险降至最小，进而提高其承灾区的防灾减灾能力。

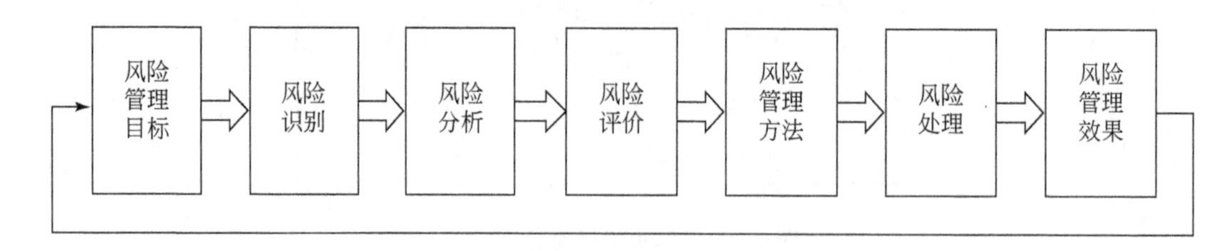

图 9-2　自然灾害风险管理流程

自然灾害风险管控流程如下：①确定风险管理目标。明确自然灾害风险区域、风险管理框架，进而确定风险管理目标。②风险识别与分析。风险识别是风险管理的第一步，也是风险管理的基础工作。风险识别是指对尚未发生的、潜在的以及客观存在的、影响自然灾害风险的各种因素进行系统地、连续地辨别、归纳、推断和预测，并分析产生溃决事件的原因，其目的主要是鉴别自然灾害风险源、范围、特性及其不确定性，以及全面了解承灾区的诸类致损因素。风险分析是在风险识别基础上对可能出现的自然灾害概率及其潜在后果的分析，其目的在于为风险评估与风险处理提供详细信息（王世金和汪宙峰，2017）。③自然灾害风险评价。该阶段需要根据区域经济发展水平、可接受风险标准，以确定该区域风险等级，其目的在于判断风险的严重程度，并对区域风险严重程度进行等级划分与风险区划。④风险管控方法的确定及风险处理。根据评估结果，采取合适的风险管理方法，其方法包括风险规避、风险控制、风险隔离及风险转移，该方法主要任务就是从各种风险处理方案中优选最佳方案，以最大效率降低自然灾害的灾害损失。自然灾害风险处理步骤包括拟订风险处理方案（如监测、预防、准备、接受、转移、减轻、应对、控制等）、评定并选择风险处理最佳方案、实施风险处理计划。⑤风险管理绩效分析。以风险降至最小或可承受限度为原则，对自然灾害风险处理结果进行评估，若未达到前期预定自然灾害风险管理目标，则需对自然灾害风险进行重新认定和处理。

（二）风险管理与控制方法

自然灾害风险管理与控制须紧紧围绕危险性、暴露性、脆弱性和适应性风险展开，其方法主要集中于风险预防、风险控制、风险承担与风险转移（如金融保护和大众投资）四个方面。这些风险管理方法可能相互重叠，可以同时使用。

1. 风险预防

风险预防，即在灾害来临之前或灾中、灾后对灾害风险进行的处理，其中最有效的方式便是消除灾害风险源。当风险消除时间过长、价值过大或者不切实际时，减缓灾害风险便是第二优先选用的风险预防方式。风险预防的目的在于采取措施消除或者减少风险发生的诸类因素。自然灾害发生的可能性预判及其灾害影响的客观评估需要先进的预警预报、探测等技术方法。然而，一些诸如一些自然灾害成灾机理较为复杂，其灾害风险大小较难确定。在此情况下，风险预防将显得尤为重要。风险预防的重点是潜在自然灾害风险源的消除、减小、降低和承灾区诸类风险的防范（王世金和汪宙峰，2017）。

2. 风险控制

风险控制，也就是灾损控制，是指在灾害发生前为全面地消除或减少灾损可能发生的各类因素，并竭力减少灾害发生概率而采取的处理风险的诸类具体措施，或统筹区域人口和经济社会活动来减少各种灾害风险隐患，其目的在于最大限度地降低灾害损失，它是自然灾害风险管理中最积极、最主动的风险处理方法。自然灾害防治基本对策是预防，避让和治理均要付出极高代价。过去主流强调灾害管理，但目前防灾减灾成为关注焦点和挑战。要打破传统救灾思维模式，采取更加积极有效措施，把被动应对自然灾害变为主动防灾减灾，把更多资金投到防灾减灾设施和管理体系建设上，以最大限度地减少自然灾害损失。这种主动积极的风险管理有助于规避和减轻未来自然灾害灾损。该方法主要通过改变风险因素、改变风险因素所处环境及改变风险因素与所处环境的相互作用来实现（王世金和汪宙峰，2017）。

3. 风险承担

风险承担，亦称风险自留，即在灾害风险发生时，接受包括来自风险的灾损或者获得的好处。真实的自我保险便属于这一类。对于小风险自然灾害，其风险承担一个可行的策略。在对其风险的投保费用要远远大于风险发生时的灾损（即潜在灾损远大于投保费用），或用以消除该类风险的费用要远大于不采取任何措施所造成的灾损时，不可避免或无法转移的所有风险在默认情况下将被保留。自然灾害风险是任何一个潜在危险性冰碛湖的固有特征。当某种大的灾损可能性较小，或投保覆盖率较大造成巨大费用且阻碍许多目标的实现时，或区域防灾减灾能力极为有限时，或其他限制原因不能控制或降低风险且无其他替代方案时，风险承担也是可以接受的（王世金和汪宙峰，2017）。

4. 风险转移

自然灾害风险难以精确预测，面对突发自然灾害，仅靠风险控制无法满足承灾区居民生命及财产安全的最大限度保障，其潜在灾损在所难免，而风险控制则可以“防患于未然”。一般情况，风险转移包括实物型风险转移，即将承灾体（财产、活动等）转移出去（或转让、出售等），以及财务型风险转移，即在自然灾害发生之前对进行购买保险或政府设立灾害准备金，在自然灾害发生后社区居民能够通过获得一定数额救助资金以弥补冰湖溃决灾害损失，为正常生产生活提供资金支持（何文炯，2005；刘新立，2006；王世金等，2014）。财务型转移包括保险型和非保险型风险转移，前者属于非政府行为，后者属于政府行为。保险型风险转移是指居民通过购买承灾体（牲畜、人员、房屋等）保险将自然灾害风险转嫁于保险人的行为或方式。非保险型风险转移是指政府通过设立灾害准备金或应急基金，在自然灾害发生后，用其弥补牧民经济损失的行为或方式。值得注意的是，财务型风险转移方法转移的仅仅是风险，而非损失。

五、多灾种综合风险管控战略

多灾种自然灾害涉及不同利益相关者，政府部门、科研单位、非政府组织、当地社区等，不同机构在多灾种自然灾害不同风险管理环节所处环境不同、职责不同，科研机构在灾害机理研究方面具有明显优势，政府部门则是自然灾害防灾减灾及其灾害管理的决策者和主要出资方，社区则是自然灾害主要承灾区和灾害管理的具体实施者。在多灾种自然灾害综合风险管理中，科研机构需要与政府部门和社区加强院地合作交流，科研机构则需要依托巨大的智库，通过多学科交叉，强化多灾种自然灾害成灾机理、综合风险管控研究，政府部门则需要通过资源信息共享，加强部委多方会商，提升防灾减灾及灾中应急救援和灾后恢复重建能力，社区则需要通过人力资源共享，促进多灾种自然灾害综合风险群测群防体系的建立和完善。综上，多灾种综合风险管控战略应立足于多灾种自然灾害监测/观测、数据信息共享、部委会商、群测群防、社区防灾教育、保险承担、应急备灾、灾前灾评规划等几方面。

（一）实时监测/观测战略

面对多种自然灾害的预防，最重要的是做好前期风险评估与预测、预报和预警工作，而自然灾害预测、预报和预警的前提则是自然灾害实时监测/观测战略的实施。有效的灾害预报系统包含四个要素：风险知识库、监测预警服务、信息传播与交流功能及响应能力，在许多国家这四个要素均需加强（Committee，2008）。虽然完全避免灾害造成的损失在目前技术水平下几乎是不可能的，但通过实时监测/观测战略，建立灾害预警系统则可以降低这方面的损失（Pareta K and Pareta U，2011）。联合国国际减灾战略（UNISDR）的 2010～2015 年全球战略提出了名为“打造弹性城市”的 10 阶段行动清单，第 8 阶段的任务就是确保城市灾害预警系统的运行与足够的灾害应急能力，并且要定期进行公众灾害演练（Gencer，2013）。

例如，在强降水过程中，要组织气象、水利、国土、交通部门，每周开展雨情分析，根据可能降水的区域、频次、强度，提前做好应对和预防工作，特别要注意大雨、暴雨天气和降雨区域发生山洪、泥石流、滑坡、坍塌灾害的研判分析和应对。要加快建立天气信息发布和预警体系，把极端天气情况通过手机、网络、广播电视等及时通告到各部门、各县、各乡镇领导及各村、组干部，并督促他们及时组织群众，采取防范措施。

（二）数据信息共享战略

数据信息共享是自然灾害防治及应急工作在政府、非政府、科研部门、社区不同层面的基础性保障。数据包括灾种及其防灾减灾相关资料、信息、知识等，数据共享是灾害风险信息共享的基础，是进行及时、合理防灾减灾的前提，是政府、科研单位和社区共同协作的基础，是一个全方位战略。

灾害风险降低工作中要优先考虑数据、信息与工具的共享，以提升风险降低能力。灾害风险评估的有关数据必须做到全方位共享，以便相关人员制定政策、提升防灾减灾意识。

特别地，灾害风险的降低工作往往需要国家级数据库作为支撑，而这一数据库的建立必须从最基层的行政单位开始完善，且小区域的数据库需要与省级数据库匹配，各省级数据库又必须与国家级数据库相匹配（Committee，2008；Pareta K and Pareta U，2011）。国家级数据库为各级行政部门的灾害数据管理工作提供了参考，且高效的信息收集、共享系统有助于人们获取有关灾害影响与可用救灾资源的准实时数据。同时，要加强各利益相关者（stakeholder）的协作与力量整合，就必须在他们之间建立良好的交流机制，加强真实信息的有效共享。特别地，要建立组织有序的跨部门、一体化的自然灾害管理信息系统，就需要有真实有效的灾害信息的共享与交流（王倩，2010）。

总体上，多灾种自然灾害防灾减灾需要通过各种形式的交流活动在决策者和专家之间、各国和地区之间共同分享，实现资源共享，才能提升多灾种自然灾害风险管理能力。

（三）部委会商战略

部委会商贯穿于灾害风险防范及其灾害管理的全过程，该过程对于预警预报、数据共享及其应急预案和备灾准备战略的实施具有决定性作用，只有各类灾种自然灾害相关部委达成防灾减灾及其灾害管理一致性意见，其他战略才能逐一落实或实施（王秀娟，2008）。部委会商的目的在于通过各部门的实时沟通，更加明晰多灾种自然灾害的风险源及其风险演变过程。更进一步，部委会商需要一个专门的灾害管理部门，因为多灾种自然灾害风险管理相关政策的制定、实施需要一个权威机构在国家层面进行调控，发挥政策协同效应以保证政策有效实行。《兵库行动框架》也指出须确保灾害风险降低工作在国家及地方层面的政策优先性，这就势必要求政府部门之间加强沟通交流。例如，联合国人类住区规划署在其主导的莫桑比克洪水高发区棚户区升级改造计划中，强调在计划实施过程中，必须加强中央政府、地方政府及居民社区之间的沟通交流。

多灾种性质决定了灾害分部门管理造成的职能分散、职能交叉问题严重，因此，相关涉灾部门亟须建立多灾种自然灾情会商制度，发挥本部门的专业资源优势，并同时吸纳其他部门在数据信息资源方面的优势。中国自然灾害管理实施自上而下的行业垂直管理模式。例如，2015 年以前，干旱、洪涝、洪水灾害属于水利部，热带气旋、低温冷冻雨雪、雪灾、冰雹等属于气象局，风暴潮、海冰、海潮、海浪和海雾灾害属于海洋局，地震、火山喷发灾害属于地震局，滑坡、泥石流、山崩、地陷、地裂等灾害属于自然资源部，农业病虫害属于农业农村部，而林火灾害则属于林业和草原局。特别地，一些灾害具有链式作用，且分属不同部门管理。例如，强降雨属于气象局，引发洪水属于水利部，洪水导致滑坡泥石流则隶属于自然资源部。这种灾害管理专业化模式优点是有利于发挥各部门专业优势，弊端是造成职能分散与职能交叉使各部门灾害管理方式各异，缺乏横向联系，合作与交流困难（张永利，2010）。

特别地，当前中国自然灾害管理体制属于单灾种自然灾害管理体制，灾害管理的职能范围划分以自然灾害种类和部门权限为基础。各设灾部门针对管辖范围内自然灾害制订了相应的应急预案及其责任单位。各部门预案均对相应灾害响应的组织体系、运行机制、应急保障制订了详细的规则（王秀娟，2008）。然而，一些自然灾害往往不是单一灾种存在，自然灾害的群发、并发现象造成的多灾种自然灾害风险管理和协调机制在各部门应急预案中均没有明确说明和规定，因此，亟须建立多灾种自然灾害部委会商机制和战略，使多灾种自然灾害在统一管理、运行体系下得以防范与治理。

（四）群测群防战略

群测群防是指发动社区群众参与自然灾害的监测、预防、预报工作的一种途径，是中国当前山地灾害社区风险管理的“雏型”。多灾种自然灾害特点决定了村级社区是防御的前沿和主体，如何发挥社区群众力量是防御多灾种自然灾害的关键。要加强自然灾害风险管理决策支持系统与灾害防治计划的建设实施，需通过决策支持系统提升政府、学者与公众间的协作程度。联合国国际减灾战略（UNISDR）的2010～2015年全球战略提出了名为“打造弹性城市”的10阶段行动清单，第1阶段就是要以组织与协作的角度来理解与减轻灾害风险，而这种组织与协作是基于公民组织与民间团体的。建立起当地的联合性组织，各部门要理解自己在防灾减灾工作中的角色。高效的灾害减轻与应急响应工作需要通过多级、多维、多部门的协作来完成（Quan et al.，2006；Gencer，2013）。

建立群测群防体系对多灾种自然灾害进行有效的监测预报，是防灾减灾的最好途径。群测群防体系能对大范围、大量的多灾种自然灾害隐患点实施监测和预警。群测群防能进行超前预报，及时发现险情，进行预警自救，最大限度地减少人员伤亡和灾害损失。根据“属地管理，分级负责”的原则，各县（市）、乡人民政府要进一步完善辖区内多灾种自然灾害群测群防网络。一是加强群众性监测工作，对每一处地质灾害隐患点，均要落实专人进行监测，签订监测责任书。二是对多灾种自然灾害危险点，要设立警戒标志，划定范围禁止人员通行。三是制订每个隐患点的具体防灾预案，监测中一旦发现险情，及时启动防灾预案。为保证群测群防体系的顺利实施、正常运行，提高广大干部群众参与灾害群测群防的积极性，地方财政部门要安排一定的专项经费和灾害监测设备。

（五）社区防灾教育战略

社区是多灾种自然灾害发生的最前沿阵地，也是多灾种自然灾害风险管理的基础。社区风险管理包括社区全过程参与管理及社区防灾减灾、应急处理的宣教与培训。社区的广泛参与有助于政府灾害管理行动实施，也有助于社区对灾害管理措施达成共识。截至2011年底，共有2843个社区入选“全国综合减灾示范社区”名录。

防灾意识淡薄比灾害更可怕。社区灾前准备工作的充分与否及居民对抗灾装备的熟悉程度对具体的防灾减灾救灾工作有巨大的影响。要充分利用各种手段，运用现有知识、创新能力与教育手段，宣传普及多灾种自然灾害防范知识，增强群众防灾减灾意识；学校、医院、车站、电站及村庄，要组织开展避灾演习，约定逃生号令，明确逃生路线；要加强对村庄灾害预报员的知识培训，明确工作要求，落实待遇，严格奖惩，督促他们积极有效地开展工作；要设立灾害报告电话和网站，鼓励群众发现异常，主动、迅速报告，对报告有功的人员，要给予表扬和奖励。

2003 年，联合国人类住区规划署在莫桑比克部分地区开展了名为“学会与洪水共存”（Learning How to Live with Floods）的教育训练计划，致力于向社会各界教授诸如“洪水的诱因、洪水灾害风险的种类、防灾减灾技术、应急计划、社区自组织、灾害响应”等话题方面的知识。联合国国际减灾战略（UNISDR）的 2010 ~ 2015 年全球战略也提出要确保学校与社区中与降低灾害风险有关的课程与训练正常进行。

（六）保险承担战略

保险是系统性降低自然灾害风险的有效手段之一，当然，保险仅仅转移了自然灾害灾损，并未降低或消除自然灾害灾损。自然灾害保险具有以下六大优势：①使风险变得可以在群体间传播或分散化处理，且可保证灾民在灾后可以得到可预见的补偿；②减少了个人风险的差异程度；③可以隔离风险；④促进损失降低方法的发展，尽管保险最初设计用于损失转移，它也可以通过对减灾技术手段的投资来降低灾害风险的影响；⑤如果风险区的财产所有人按照自己的实际风险支付保费，并且保险补偿可以充分补偿灾民，则保险工作就做到了收支平衡；⑥提供了监控与控制人们行为的工具。在高收入国家，自然灾害造成的损失中有 30% 可以得到保险补偿，而在低收入国家这一比例仅为 1%。当然，在运用保险手段降低灾害风险时必须考虑使用相关资金时的机会成本（Freeman et al.，2003）。然而，自然灾害保险也具有以下劣势：①风险区财产所有人很少能够按照自己面临的风险程度来支付保费；②社区私人保险在灾害高危区有时难以获得；③尽管一些地区商业灾害保险服务已经开展，但自愿购买率较低；④尽管在一些环境下保险可以起到降低损失的作用，但是道德风险（moral hazard），即指参与合同的一方所面临的对方可能改变行为而损害到本方利益的风险的存在被认为会提升损失。

全球环境战略研究所（IGES）发布了题为《保险在减少灾害风险和气候变化适应中的效力：挑战和机遇》的报告，探讨限制保险发展的技术、社会经济、体制和政策障碍，评估保险所能带来的适应气候变化和减少灾害风险效益和成本。报告指出，亚太地区农村和贫困社区是极易受气候变化影响的区域。有效地减少脆弱性需要协调可持续发展（SD）、适应气候变化（CCA）和减少灾害风险（DRR）计划。保险已经越来越被 CCA 和 DRR 界提倡作为一种风险管理工具。适当的利益相关者参与和他们的保险交付能力建设是确保保险效力的一个重要方面。报告表明，公私合作是保险交付和利益相关者能力建设的重要手段。对于贫困社区，非政府间国际组织（NGOs）可以为保险服务提供和加强以社区为基础的保险方法提供有效手段。政府要通过合适的政策发挥推动作用，通过适当的监督和评价过程起管理作用，鼓励跨越传统保险效力考虑灾害风险减少和适应的保险效益（Prabhakar et al.，2014）。当然，国家在制订保险政策时可以为学校、医院等公益性设施的灾后重建提供优惠，当贫困人群无法支付保险费用时，小额信用贷款和其他一些社会基金可以发挥同等作用（Committee，2008）。

（七）应急备灾战略

准备与完善有关应急计划使人们在面对自然灾害时具有更高的灵活性，对灾后重建及灾民安置也有较大帮助（Pareta K and Pareta U，2011）。多灾种自然灾害具有群发、链发、并发特点，不可能全部预测或预防。因此，亟须做好应急备灾准备战略规划。应急备灾是灾害风险防范的最后一步措施。应急备灾战略包括应急系统的建立和备灾物资的准备两部分。

要加强力量准备、物资准备和预案准备，确保灾害发生时迅速、有序、高效开展救援工作。要把灾害防范的责任进行分解，具体明确到相关部门、领导身上。各级领导要第一时间知晓灾情信息，第一时间启动相应预案，第一时间赶赴现场组织救援，积极主动开展救援工作，绝不允许推诿塞责，不敢担当。要主动跟驻地人民解放军、武装警察部队及电力、通信、医院、公路养护等机构协调沟通，争取支持帮助，统一行动步骤；要加强机械设备、油料燃气、生活物资的准备，确保能够满足救灾工作需要。

联合国国际减灾战略（UNISDR）的2010～2015年全球战略提出了名为“打造弹性城市”的10阶段行动清单，第6阶段的任务就是应用并加强符合抗灾要求的建筑标准与土地利用规划准则。作为美国“第二次自然灾害评估”研究的一部分，Deyle等（1998）对自然灾害威胁区发展中的“土地利用管理工具”进行了分类，其中列出的第一类工具就是“建筑标准”，如传统建筑标准、建筑防洪要求、防震设计要求与现有房屋改造需求等（Gencer，2013）。在秘鲁，一家名为Caritas的非政府组织（NGO）做的一些工作堪称灾后重建与风险降低计划中的典范。通过与受灾社区的沟通，Caritas提升了当地房屋重建过程中抗震材料的使用率。为满足需求最迫切家庭，Caritas 开展了“以劳动换建材”计划：只要参加社区计划的工作，就可以换取符合标准的抗震材料。一年后的一次 6.2 级地震证明了此次计划的成功：多数由 Caritas 支持建造的房屋抵御了这次地震（Freeman et al.，2003）。事实证明，自然灾害破坏性伤亡和经济损失很大程度上取决于发生地的经济社会系统，以及防灾减灾力度及其相应的制度体系。

（八）灾前灾评规划战略

自然灾害风险评估规划有助于政策制定者因地制宜地明确风险管理计划的目标与树立减轻脆弱性的目标（Freeman et al.，2003）。自然灾害在风险评估规划中还需结合其他城市规划、土地利用规划、旅游规划等，使多规合一，这才是解决或预防未来自然灾害风险的纲领性指导方针。为使多灾种自然灾害风险管理具有较高有效性，国家有关降低自然灾害风险的规划必须融入分地区、分部门的整体发展计划（如在制定减灾策略时要充分考虑到对食品安全、环境管理、水资源管理、海岸线管理等工作的影响）。

在灾害风险评价工作中，DDI（disaster deficit index）、PVI（prevalent vulnerability index）、RMI（risk management index）等自然灾害风险评价指数的运用有助于人们对多灾种自然灾害风险程度及其防范做出正确有效的判断，同时对于多灾种自然灾害防灾减灾规划也具有一定的参考价值（Cardona，2005）。联合国国际减灾战略（UNISDR）的 2010 ~ 2015 年全球战略提出了名为“打造弹性城市”的 10 阶段行动清单，其中第 3 阶段的任务就是对灾害风险作出评估并及时更新相关数据，将其作为城市发展规划、决策的基础性参考资料，向社会公布并与公众进行充分讨论。尽管一些城市做出了有关城市发展与扩张的总体规划，但是由于制订规划过程中缺乏与市民及一些相关团体的讨论与沟通，规划在具体实施过程中往往不能取得理想的效果（Gencer，2013）。

青藏高原自然灾害频发，灾情严重，其潜在危害巨大。在青藏高原，承灾区多处于河谷低洼地带，这一区域往往是居民点、农田、交通、通信网络、水利电力工程、城镇村落的集聚区域，也是多灾种自然灾害潜在风险区。当前，亟须开展灾前在建/拟建/改建/扩建工程灾评规划，规划中应标明工程所处地理环境、灾害发生概率、设防标准等，明确哪些区域属于禁止开发区、哪些区域可以进行建筑物建造及工程活动。

参 考 文 献

安培浚，李栎，张志强 . 2011. 国际滑坡、泥石流研究文献计量分析 . 地球科学进展，26（10）：1116-1124.

白淑英，史建桥，高吉喜，等 . 2014. 1979–2010 年青藏高原积雪深度时空变化遥感分析 . 地理信息科学，16（4）：628-630.

陈冠 . 2014. 基于统计模型与现场试验的白龙江中游滑坡敏感性分析研究 . 兰州：兰州大学博士学位论文 .

成玉祥，任春林，张骏 . 2008. 基于 BP 神经网络的地质灾害风险评估方法探讨——以天水地区为例 . 中国地质灾害与防治学报，19（2）：100-104.

程尊兰，田金昌，张正波，等 . 2009. 藏东南冰湖溃决泥石流形成的气候因素与发展趋势 . 地学前缘，16（6）：207-214.

丛威青，潘懋，任群智，等 . 2006. 泥石流灾害多元信息耦合预警系统建设及其应用 . 北京大学学报（自然科学版），(4)：446-450.

崔鹏，高克昌，韦方强 . 2005. 泥石流预测预报研究进展 . 学科发展，20（5）：363-369.

崔鹏，苏凤环，邹强，等 . 2015. 青藏高原山地灾害和气象灾害风险评估与减灾对策 . 科学通报，32：3067-3077.

邓起东，张培震，冉勇康，等 . 2002. 中国活动构造基本特征 . 中国科学（D 辑），32（11）：1020-1030.

邓起东，程绍平，马冀，等 . 2014. 青藏高原地震活动特征及当前地震活动形势 . 地球物理学报，57（7）：2025-2042.

邓子凤 . 1999. 畜牧气象灾害及防御对策 . 北京：气象出版社 .

丁一汇，石曙卫，范一大，等 . 2015. 中国自然灾害要览（上卷）. 北京：北京大学出版社 .

董芳蕾 . 2008. 内蒙古锡林郭勒盟草原雪灾灾情评价与等级区划研究 . 长春：东北师范大学硕士学位论文 .

董晓辉 . 2008. 冰川终碛湖溃决洪水模拟及影响分析——以西藏年楚河流域为例 . 北京：中国科学院研究生院硕士学位论文 .

段安民，肖志祥，吴国雄 . 2016. 1979–2014 年全球变暖背景下青藏高原气候变化特征 . 气候变化研究进展，12（5）：374-381.

范海军，肖盛燮，郝艳广，等 . 2006. 自然灾害链式效应结构关系及其复杂性规律研究 . 岩石力学与工程学报，25（Supp. 1）：2603-2611.
范一大 . 2008. 自然灾害风险管理与预警能力建设研究 . 中国减灾，5：21.
方苗，张金龙，徐瑱 . 2011. 基于 GIS 和 Logistic 回归模型的兰州市滑坡灾害敏感性区划研究 . 遥感技术与应用，26（6）：845-854.
冯梓剑 . 2016-06-01. 2020 年南宁可抵御中强地震 . 南宁日报 .
付伟 . 2014. 青藏高原地区资源可持续利用初步研究 . 兰州：兰州大学博士学位论文 .
付晶莹，江东，黄耀欢 . 2014. 中国公里网格人口分布数据集（PopulationGrid_China）. 全球变化科学研究数据出版系统，DOI：10. 3974/geodb. 2014. 01. 06.
高懋芳，邱建军 . 2011. 青藏高原主要自然灾害特点及分布规律研究 . 干旱区资源与环境，5（8）：101-106.
高庆华，马宗晋，张业成 . 2007. 自然灾害评估 . 北京：气象出版社 .
葛全胜，邹铭，郑景云 . 2008. 中国自然灾害风险综合评估初步研究 . 北京：科学出版社 .
宫德吉，李彰俊 . 2001. 内蒙古暴雪灾害的成因与减灾对策 . 气象与环境研究，6（1）：133-138.
郭跃 . 2014. 全球化背景下的自然灾害风险及应对策略 . 重庆师范大学学报（自然科学版），31（5）：126-130.
郭进京，韩文峰 . 2008. 西秦岭晚中生代-新生代构造层划分及其构造演化过程 . 地质调查与研究，31（04）：285-290.
郭晓宁，李林，刘彩红，等 . 2010. 青海高原 1961–2008 年雪灾时空分布特征 . 气候变化研究进展，6（5）：332-337.
何文炯 . 2005. 风险管理 . 北京：中国财政经济出版社 .
何永清，周秉荣，张海静，等 . 2010. 青海高原雪灾风险度评价模型与风险区划探讨 . 草业科学，27（11）：37-42.
赫璐，王静爱，满苏尔，等 . 2003. 草地畜牧业雪灾脆弱性评价——以内蒙古牧区为例 . 自然灾害学报，12（2）：42-48.
胡宝清，严志强，廖赤眉 . 2006. 基于 GIS 的喀斯特土地退化灾害风险评价——以广西都安瑶族自治县为例 . 自然灾害学报，15（4）：100-106.
胡自治 . 2000. 人工草地在我国 21 世纪草业发展和环境治理中的重要意义 . 草原与草坪，88（1）：12-15.
胡自治 . 2005. 青藏高原的草业发展与生态环境 . 北京：中国藏学出版社 .
黄朝迎 . 1988. 中国草原牧区雪灾及危害 . 灾害学，13（4）：45-48.
黄崇福 . 2005. 自然灾害风险评价理论与实践 . 北京：科学出版社 .
黄崇福 . 2009. 自然灾害基本定义的探讨 . 自然灾害学报，18（5）：42-28.
黄崇福 . 2011. 风险分析基本方法探讨 . 自然灾害学报，20（5）：1-10.

黄耀欢，江东，付晶莹. 2014. 中国公里网格 GDP 分布数据集（GDPGrid_China）. 全球变化科学研究数据出版系统，DOI：10. 3974/geodb. 2014. 01. 07.
季学伟，翁文国，赵前胜. 2009. 突发事件链的定量风险分析方法. 清华大学学报（自然科学版），49（11）：1749-1752.
金凤君，刘毅. 2000. 青藏高原产业发展的交通运输门槛研究. 自然资源学报，15（4）：364-365.
金有杰. 2013. 基于 GIS 的潍坊市暴雨洪涝灾害损失评估方法研究. 南京：南京信息工程大学硕士学位论文.
柯长青，李培基. 1998. 青藏高原积雪分布与变化特征. 地理学报，53（3）：209-215.
匡乐红. 2006. 区域暴雨泥石流预测预报方法研究. 长沙：中南大学博士学位论文.
李曼，邹振华，史培军，等. 2015. 世界地震灾害风险评价. 自然灾害学报，24（5）：1-10.
李霞. 2015. 近 40 年横断山冰川变化的遥感监测研究. 兰州：兰州大学硕士学位论文.
李德基. 1997. 浅论泥石流防治的实用性原理. 中国地质灾害与防治学报，（2）：56-62，72.
李吉均，苏珍. 1996. 横断山冰川. 北京：科学出版社.
李继业. 2010. 震灾评估仿真系统的研究与实现. 上海：复旦大学硕士学位论文.
李杰飞，顾林生，龙海云，等. 2015. 联合国第三次世界减灾会议综述. 国际地震动态，442（10）：45-50.
李军保，马存平，鲁为华，等. 2009. 围栏封育对昭苏马场春秋草地地上植物量的影响. 草原与草坪，（2）：46-50.
李均力，盛永伟，骆剑承，等. 2011. 青藏高原内陆湖泊变化的遥感制图. 湖泊科学，23（3）：311-320.
李绍飞，余萍，孙书洪. 2008. 基于神经网络的蓄滞洪区洪灾风险模糊综合评价. 中国农村水利水电，6：60-64.
李世奎，霍治国，王道龙，等. 1991. 中国农业灾害风险评价与对策. 北京：气象出版社.
李雪见，唐辉明. 2005. 基于 GIS 的分组数据 Logistic 模型在斜坡稳定性评价中的应用. 吉林大学学报，35（3）：361-365.
李英年. 2000. 高寒草甸牧草产量和草场载畜量模拟研究及对气候变暖的响应. 草业学报，9（2）：77-82.
李治国. 2012. 近 50a 气候变化背景下青藏高原冰川和湖泊变化. 自然资源学报，27（8）：1432-1436.
梁天刚，刘兴元，郭正刚. 2006. 基于 3S 技术的牧区雪灾评价方法. 草业学报，15（4）：122-128.
梁天刚，崔霞，冯琦胜，等. 2009. 2001–2008 年甘南牧区草地地上生物量与载畜量遥感动态监测. 草业学报，18（6）：12-22.
廖永丰，赵飞，王志强，等. 2011. 灾害救助评估理论方法研究与展望. 灾害学，26（3）：126-132.
廖永丰，聂承静，胡俊锋，等. 2013. 2000–2011 年中国自然灾害灾情空间分布格局分析. 灾害学，

28（4）：55-60.
刘敏，权瑞松，许世远．2012．城市暴雨内涝灾害风险评估：理论、方法与实践．北京：科学出版社．
刘毅，黄建毅，马丽．2010．基于 DEA 模型的中国自然灾害区域脆弱性评价．地理研究，29（7）：1153-1162.
刘传正．2014．中国崩塌滑坡泥石流灾害成因类型．地质评论，60（4）：858-868.
刘建华，温克刚．2006．中国气象灾害大典（云南卷）．北京：气象出版社．
刘晶晶，程尊兰，李泳，等．2008．西藏冰湖溃决主要特征．灾害学，（1）：55-60.
刘希林，尚志海．2014．自然灾害风险主要分析方法及其适用性述评．地理科学进展，33（11）：1486-1592.
刘希林，余承君，尚志海．2011．中国泥石流滑坡灾害风险制图与空间格局研究．应用基础与工程科学学报，19（5）：721-735.
刘新立．2006．风险管理．北京：北京大学出版社，180-228.
刘兴元，梁天刚，郭正刚，等．2008．北疆牧区雪灾预警与风险评估方法．应用生态学报，9（1）：133-138.
刘艺梁，殷坤龙，刘斌．2010．逻辑回归和人工神经网络模型在滑坡灾害空间预测中的应用．水文地质工程地质，37（5）：92-96.
刘合香，徐庆娟．2007．区域洪涝灾害风险的模糊综合评价与预测．灾害学，22（4）：38-42.
鲁安新，冯学智，曾群柱．1995．中国牧区雪灾判别因子体系及分级初探．灾害学，10（3）：16-19.
鲁安新，冯学智，曾群柱，等．1997．西藏那曲牧区雪灾因子主成分分析．冰川冻土，19（2）：180-185.
罗杰．2010．滇西红层软岩地区挖方边坡抗震设计研究．重庆：重庆交通大学硕士学位论文．
马青山，马正炳，马长芳，等．2009．青海省泽库县草地生态环境现状及保护建设措施．草原与草坪，（3）：95-99.
马轩龙．2008．基于 3S 技术对青海省草地资源生产力的监测．兰州：兰州大学硕士学位论文．
马寅生，张业成，张春山，等．2004．地质灾害风险评价的理论与方法．地质力学学报，（1）：7-18.
马玉寿，施建军，董全民，等．2006．人工调控措施对“黑土型”退化草地吹垂穗披碱草人工植被的影响．青海畜牧兽医杂志，36（2）：1-3.
马宗晋．2010．中国重大自然灾害及减灾对策（总论）．北京：科学出版社．
马宗晋，高庆华．2010．中国自然灾害综合研究 60 年的进展．中国人口·资源与环境，20（5）：1-5.
民政部国家减灾中心灾害信息部．2005．1992 年以来中国重大雪灾记录．中国减灾，1：56.
明晓东，徐伟，刘宝印，等．2013．多灾种风险评估研究进展．灾害学，28（1）：126-132.
慕尼黑再保险利用自然巨灾服务（NatCatSERVICE）．Review of natural catastrophes in 2014：Lower losses from weather extremes and earthquakes. Munich RE，www. munichre. com.
倪元龙，于东升，张黎明，等．2012．土壤碳库研究中土壤数据从矢量到栅格的等精度转换．地理研究，31（6）：981-984.
宁宝坤.2010. 地震灾害时空分布与紧急救援响应研究. 北京：中国地震局地质研究所博士学位论文.
牛海燕，刘敏，陆敏，等.2011. 中国沿海地区近20年台风灾害风险评价. 地理科学，31（6）：764-768.
牛全福.2011. 基于GIS的地质灾害风险评估方法研究——以“4.14”玉树地震为例. 兰州：兰州大学硕士学位论文.
牛文元.2007. 中国可持续发展总论（第1卷）. 北京：科学出版社.
彭珂珊.2000. 中国主要自然灾害的类型及特点分析. 北京联合大学学报，14（41）：59-64.
齐鹏，李明杰，侯一筠.2010. 基于信息扩散原理的渤、黄海沿岸风暴潮灾害风险分析. 海洋与湖沼，41（4）：628-632.
钱剑，郭新怀，许宗运.2003. 南疆塑模暖棚养畜的环境控制. 畜牧兽医杂志，22（2）：31-32.
秦大河，效存德，丁永建，等.2006. 国际冰冻圈研究动态和我国冰冻圈研究的现状与展望. 应用气象学报，（6）：649-656.
青海省草原总站.1988. 青海省草地资源统计册. 西宁：青海人民出版社.
青海省农牧厅.2012. 青海省畜牧志. 西宁：青海统计出版社.
全国地震标准化技术委员会.2015. 中国地震动参数区划图（GB 18306-2015）. 北京：中国标准出版社.
单博.2014. 基于3S技术的奔子栏水源地库区库岸地质灾害易发性评价及灾害风险性区划研究. 长春：吉林大学博士学位论文.
尚志海，刘希林.2010. 泥石流灾害生命损失风险评价初步研究. 安全与环境学报，10（4）：184-188.
尚志海，刘希林.2014. 自然灾害风险管理关键问题探讨. 灾害学，29（2）：158-164.
施伟华，陈坤华，谢英情，等.2012. 云南地震灾害人员伤亡预测方法研究. 地震研究，35（3）：387-392.
史培军.2002. 三论灾害研究的理论与实践. 自然灾害学报，11（3）：1-9.
史培军.2009. 五论灾害系统研究的理论与实践. 自然灾害学报，18（5）：1-8.
史培军.2011. 综合风险防范：科学、技术与示范. 北京：科学出版社.
史培军，孔锋，叶谦，等.2014. 灾害风险科学发展与科技减灾. 地球科学进展，29（11）：1205-1211.
舒有锋.2011. 西藏喜马拉雅山地区冰碛湖溃决危险性评价及其演进数值模拟. 长春：吉林大学硕士学位论文.
苏大学.1994. 西藏自治区草地资源. 北京：科学出版社.
苏薇.2012. 山地城市商业中心区避难疏散评价与控制策略研究. 天津：天津大学硕士学位论文.
孙成权，林海，曲建升.2003. 全球变化与人文社会科学问题. 北京：气象出版社.

孙鸿烈 . 1996. 青藏高原的形成演化 . 上海：上海科学技术出版社 .
汤伟 . 2013. 试析当前国际自然灾害治理 . 现代国家关系，(6)：21-24.
唐川，朱静 . 1999. 澜沧江中下游滑坡泥石流分布规律与危险区划 . 地理学报，54（增刊）：84-88.
童伯良，李树德 . 1983. 青藏高原多年冻土的某些特征及其影响因素 . 青藏冻土研究论文集 . 北京：科学出版社 .
王龙，杨娟，徐刚 . 2013. 全球变化与自然灾害的相互关系 . 山西师范大学学报（自然科学版），27（4）：86-91.
王倩 . 2010. 我国自然灾害管理体制与灾害信息共享模型研究 . 北京：中国地质大学（北京）博士学位论文 .
王宝华，付强，谢永刚，等 . 2007. 国内外洪水灾害经济损失评估方法综述 . 灾害学，22（3）：95-99.
王继川，郭志刚 . 2001. Logistic 回归模型——方法与应用 . 北京：高等教育出版社 .
王世金，汪宙峰 . 2017. 冰湖溃决灾害综合风险评估与管控：以中国喜马拉雅山区为例 . 北京：中国社会科学出版社 .
王世金，秦大河，任贾文 . 2012. 冰湖溃决灾害风险研究进展及其展望 . 水科学进展，23（5）：735-742.
王世金，魏彦强，方苗 . 2014. 青海省青藏高原牧区雪灾综合风险评估与管理 . 草业学报，23（2）：108-116.
王卫东，陈燕平，钟晟 . 2009. 应用 CF 和 Logistic 回归模型编制滑坡危险性区划图 . 中南大学学报（自然科学版），40（4）：1127-1132.
王欣，刘时银，姚晓军，等 . 2010. 我国喜马拉雅山区冰湖遥感调查与编目 . 地理学报，65（1）：29-36.
王秀娟 . 2008. 国内外自然灾害管理体制比较研究 . 兰州：兰州大学硕士学位论文 .
王艳妮，谢金梅，郭祥 . 2008. ArcGIS 中的地统计克里格插值法及其应用 . 软件导刊，7（12）：36-39.
魏彦强 . 2013. 气候变化对青藏高原畜牧业的影响研究 . 北京：中国科学院研究生院博士学位论文 .
温家洪，Yan J P，尹占娥，等 . 2010. 中国地震灾害风险管理 . 地理科学进展，29（7）：771-776.
温克刚 . 2005. 中国气象灾害大典（青海卷）. 北京：气象出版社 .
温克刚 . 2007. 中国气象灾害大典（西藏卷）. 北京：气象出版社 .
乌兰巴特尔，刘寿东 . 2004. 内蒙古主要畜牧气象灾害减灾对策研究 . 自然灾害学报，13（6）：36-40.
巫丽芸，何东进，洪伟，等 . 2014. 自然灾害风险评估与灾害易损性研究进展 . 灾害学，29（4）：129-135.
吴吉东，傅宇，张洁，等 . 2014. 1949－2013 年中国气象灾害灾情变化趋势分析 . 自然资源学报，

29（9）：1520-1529.
吴绍洪，戴尔阜，潘韬．2011．“综合全球环境变化与全球化风险防范关键技术研究与示范”研究进展．地理研究，30（03）：577.
吴秀山．2014．不同溃决模式下冰湖溃坝洪水演进模拟．杭州：浙江大学硕士学位论文．
西藏统计年鉴编辑委员会．西藏统计年鉴（1990–2014）．北京：中国统计出版社，1990-2014.
西藏自治区发展和改革委员会．2012．西藏自治区“十二五”时期国民经济和社会发展规划汇编．西藏自治区发展和改革委员会．
谢华飞．2011．地震灾害对电网的损毁性评估技术研究．杭州：浙江大学硕士学位论文．
徐道明，冯清华．1989．西藏喜马拉雅山区危险冰湖及其溃决特征．地理学报，44（3）：343-352.
许飞琼．1998．灾害统计学．长沙：湖南人民出版社．
薛晓萍，马俊，李鸿怡．2012．基于GIS的乡镇洪涝灾害风险评估与区划技术——以山东省淄博市临淄区为例．灾害学，27（4）：71-74.
严振英，赵鹏．2000．暖棚养畜在青南牧区防灾作用的观测分析．青海草业，9（1）：31-34.
杨馥，梁静．2005．浅析中国的巨灾风险管理．经济师，12：147-148.
杨斌，程紫燕，郑树平．2011．山西地震应急评估系统模型本地化研究．山西地震，164（2）：42-48.
姚俊英，朱红蕊，南极月，等．2012．基于灰色理论的黑龙江省暴雨洪涝特征分析及灾变预测．灾害学，27（1）：59-63.
姚晓军，刘时银，韩磊，等．2017．冰湖的界定与分类体系——面向冰湖编目和冰湖灾害研究．地理学报，72（7）：1173-1183.
叶金玉，林广发，张明锋．2010．自然灾害风险评估研究进展．防灾科技学院学报，12（3）：20-25.
叶庆华，程维明，赵永利，等．2016．青藏高原冰川变化遥感监测研究综述．地球信息科学学报，18（7）：920-930.
尹占娥．2009．城市自然灾害风险评估与实证研究．上海：华东师范大学博士学位论文．
尤联元，杨景春．2013．中国地貌．北京：科学出版社．
张星，陈惠，周乐照．2007．福建省农业气象灾害灰色评价与预测．灾害学，22（4）：43-46.
张继承．2008．基于RS/GIS的青藏高原生态环境综合评价研究．长春：吉林大学博士学位论文．
张继权．2005．综合自然灾害风险管理．城市与减灾，2：2-5.
张继权，冈田宪夫，多多纳裕一．2005．综合自然灾害风险管理——全面整合的模式与中国的战略选择．自然灾害学报，15（10）：29-37.
张守成．2012．青海省国民经济和社会发展第十二个五年规划汇编．西宁：青海省人民出版社．
张耀生，赵新全，黄德生．2003．青藏高寒牧区多年生人工草地持续利用的研究．草业学报，12（3）：22-27.
张镱锂，李炳元，郑度．2002．论青藏高原范围与面积．地理研究，21（1）：1-8.
张镱锂，李炳元，郑度．2014．青藏高原范围与界线地理信息系统数据（DBATP）．全球变化科学研究数据出版系统，DOI：10.3974/geodb.2014.01.12.V1.
张永利.2010. 多灾种综合预测预警与决策支持系统研究.北京：清华大学博士学位论文.
赵新全.2009. 高寒草甸生态系统与全球变化.北京：科学出版社.
赵新全.2011. 青藏高原区退化草地生态系统恢复与可持续管理.北京：科学出版社.
赵新全，周华坤.2005. 三江源区生态环境退化、恢复治理及其可持续发展.中国科学院院刊，20（6）：471-476.
郑慧.2012. 风暴潮灾害风险管理研究——以灾害保险为视角.青岛：中国海洋大学硕士学位论文.
郑远长.2000. 全球自然灾害概述.中国减灾，（1）：14-19.
中国地调局航遥中心.2014. 青藏高原地质灾害分布特征.http://www.cgs.gov.cn/xwtzgg/cgkx/28262.htm[2015-2-18].
中国地理学会.2009.2008-2009地理学学科发展报告（自然地理学）.北京：中国科学技术出版社.
中国科学院自然区划工作委员会.1959. 中国地貌区划（初稿）.北京：科学出版社.
中华人民共和国国家质量监督检验检疫总局和中国国家标准化管理委员会.2011. 公共安全风险评估技术规范（送审稿）[DB/OL].
中国气象局.2007. 中国灾害性天气气候图集.北京：气象出版社.
周立，王启基，赵京.1995. 高寒草甸牧场最优放牧强度的研究——高寒草甸生态系统.北京：科学出版社.
周福军.2013. 日冕水电站库区滑坡稳定性早期智能判别及危害模糊综合预测研究.长春：吉林大学博士学位论文.
周立华，樊胜岳，张明军，等.2001. 祁连山区草原畜牧业的可持续发展问题与发展模式.山地学报，19（6）：516-521.
周寅康.1995. 自然灾害风险评估初步研究.自然灾害学报，4（1）：6-11.
祝亚雯.2010. 基于地统计学理论的旅游景点空间结构研究.芜湖：安徽师范大学硕士学位论文.
Abchir M, Barrantes M, Basabe P, et al. 2003. United Nations International Strategy for Disaster Reduction Living with Risk. Geneva: ISDR, 1-412.
Adams J. 1995. Risk. London: University College London Press, 228.
Adger W N, Vincent K. 2005. Uncertainty in adaptive capacity. Comptes Rendus Geoscience, 337（4）: 399-410.
Ainon N O, Wan Mohd Naim W M, Noraini S. 2012. GIS based multi-criteria decision making for landslide hazard zonation. Procedia-Social and Behavioral Sciences, 35: 595-602.
Alexander D. 2000. Confronting Catastrophe-New Pespectives on Natural Disasters. Oxford: Oxford University Press.
Alley W M. 1993. Regional Ground-Water Quality. New York: International Thomson Publishing, 634.
Barnett V. 2004. Enviromental Statistics. England: Chichester, 235.

Birkmann J, et al. 2006. Measuring Vulnerability to Hazards of National Origin. Tokyo: UNU Press.

Bolstad P V, Swift L, Collins F. 1998. Measured and predicted air temperatures at basin to regional scales in the southern Appalachian mountains. Agric. Forest Meteorol, 91: 161-178.

Botzen W J W, Van Den Bergh J C J M. 2009. Managing natural disaster risks in a changing climate. Environmental Hazards, 8 (3): 209-225.

Brando P M, Goetz S J, Baccini A, et al. 2010. Seasonal and interannual variability of climate and vegetation indices across the Amazon. Proceedings of the National Academy of Sciences, 107 (33): 14685-14690. DOI: 10. 1073/pnas. 0908741107.

Bunting C, Renn O, Florin M V, et al. 2007. The IRGC risk governance framework. John Liner Review, 21: 7-21.

Button I R, Kates W, White G F. 1993. The Environment as Hazard. Second Edition. New York: The Guilford Press.

Cardona O D. 2005. Indicators of Disaster Risk and Risk Management: Program for Latin America and the Caribbean: Summary Report. Inter-American Development Bank.

Cardona O D, Hurtado J E, Chardon A C, et al. 2005. Indicators of disaster risk and risk management summary report for WCDR. Program for Latin America and the Caribbean IADB-UNC/DEA, 1-47.

Chen X Q, Cui P, Li Y, et al. 2007. Changes in glacial lakes and glaciers of post-1986 in the Poiqu Riverv basin, Nyalam, Xizang (Tibet). Geomorphology, 298-311.

Collier W M, Jacobs K R, Saxena A, et al. 2009. Strengthening socio-ecological resilience through disaster risk reduction and climate change adaptation: Identifying gaps in an uncertain world. Environmental Hazards, 8 (3): 171-186.

Committee I A S. 2008. Disaster risk reduction strategies and risk management practices: Critical elements for adaptation to climate change. Inter-Agency, 1-15.

Cook S J, Quincey D J. 2015. Estimating the volume of Alpine glacial lakes. Earth Surf. Dynam. Discuss, 3: 909-940.

Couralt D, Monestiez P. 1999. Spatial interpolation of air temperature according to atmospheric circulation patterns in southeast France. Int. J. Climatol, 19: 365-378.

Crichton D. 1999. The risk triangle//Ingleton J. Natural Disaster Management. London: Tudor Rose, 102-103.

De La Cruz-Reyna S. 1996. Long-Term Probabilistic Analysis of Future Explosive Eruptions//Searpa R, Tilling R I. Monitoring and Mitigation of Volcano Hazards. NewYork: Springer-Verlag Berlin Heidelberg.

Deng H J, Pepin N C, Chen Y N. 2017. Changes of snowfall under warming in the Tibetan Plateau. Journal of Geophysical Research-Atmospheres, 122 (4): 7323-7341.

Deyle R E, French S P, Olshansky R B. 1998. Hazard Assessment the Factual Basis for Planning and

Mitigation//Burby R J. Cooperation with Nature: Confronting Natural Hazards with Land Use Planning for Sustainable Communities. Washington D. C. : Joseph Henry Press, 116-119.

Dilley M, Chen R S, Deichmann U, et al. 2005. Natural Disaster Hotspots: A Global Risk Analysis. Washington D C: Hazard Management Unit, World Bank, 1-132.

Donald H, David H. 2013. Natural Hazards and Disasters. Cengage Learning.

Dong S K, Long R J, Kang M Y. 2003. Milking and milk-processing: traditional technologies in yak farming system of Qinghai-Tibetan plateau, China. International Journal of Dairy Technology, 56 (2): 86-93.

Downing T E, Butterfield R, Cohen S, et al. 2001. Vulnerability indices: Climate change impacts and adaptation (UNEP Policy Series). Nairobi: UNEP.

Dozier J, Marks D. 1987. Snow mapping and classification from landsat thematic mapper data. Annals of Glaciology, 9: 97-103.

EM-DAT (Emergencies Disasters Data Base). 2005. EM-DAT: the International Disaster Database. Center for Research on the Epidemiology of Disasters (CRED), Ecole de Santé Publique, Université Catholique de Louvain, Brussels. http://www. em-dat. net/index. htm[2010-8-19].

Ercanoglu M, Gokceoglu C. 2004. Use of fuzzy relations to produce landslide susceptibility map of a landslide prone area (West Black Sea Region, Turkey). Eng. Geol. , 75: 229-250.

Feng L H, Luo G Y. 2009. Analysis on fuzzy risk of landfall typhoon in Zhejiang province of China. Mathematics and Computers in Simulation, 79 (11): 3258-3266.

Fensholt R, Proud S R. 2012. Evaluation of earth observation based global long term vegetation trends-comparing GIMMS and MODIS global NDVI time series. Remote Sensing of Environment, 119: 131-147.

Freeman P, Martin L A, Linnerooth-Bayer J, et al. 2003. Disaster Risk Management: National Systems for the Comprehensive Management of Disaster Risk and Financial Strategies for Natural Disaster Reconstruction. Washington D. C. : Inter-American Development Bank, 1-83.

Gao J M, Sang Y H. 2017. Identification and estimation of landslide-debris flow disaster risk in primary and middle school campuses in a mountainous area of Southwest China. International Journal of Disaster Risk Reduction, 8: 4-15.

Gardelle J, Arnaud Y, Berthier E. 2011. Contrasted evolution of glacial lakes along the Hindu Kush Himalaya mountain range between 1990 and 2009. Global Planet Change, 75: 47-55.

Garen D C, Marks D. 2005. Spatially distributed energy balance snowmelt modelling in a mountainous river basin: Estimation of meteorological inputs and verification of model results. J. Hydrol, 315: 126-153.

Gencer E A. 2013. The Interplay between Urban Development, Vulnerability, and Risk Management. Springer briefs in Environment Security Development & Peace, 7-43.

Giardini D, Grunthal G, Shedlock K M, et al. 2003. The GSHAP global seismic hazard map. Annali Di Geof isica, 1999, 42 (6): 1225-1230.

Giardini D, Grunthal G, Shedlock K M, et al. 1999. The GSHAP global seismic hazard map. Annali Di Geofisica, 42 (6): 1225-1230.

Goldstein B D. 2003. SRA president's message. SRA Risk Newsletter, 23 (2): 2.

Grothmann T, Patt A. 2005. Adaptive capacity and human cognition: The process of individual adaptation to climate change. Global Environmental Change, 15 (3): 199-213.

Guan Y H, Zheng F L, Zhang P, et al. 2015. Spatial and temporal changes of meteorological disasters in China during 1950-2013. Nat Hazards, 75: 2607-2623.

Guha-Sapir D, Below R, Hoyois P. 2015. EM-DAT: International Disaster Database. Brussels: Catholic University of Louvain.

Haimes Y Y. 2004. Risk Modeling, Assessment, and Management. New York: Wiley.

Hallegatte S, Przyluski V, Vogt- Schilb A. 2011. Building world narratives for climate change impact, adaptation and vulnerability analyses. Nature Climate Change, 1 (3): 151-155.

Hao L, Yang L Z, Gao J M. 2014. The application of information diffusion technique in probabilistic analysis to grassland biological disasters risk. Ecological Modelling, 272: 264-270.

Hegerl G C, Zwiers F W, Braconnot P, et al. 2007//Solomon S, et al. IPCC Climate Change 2007: The Physical Science Basis. Cambridge: Cambridge University Press.

Helm P. 1996. Integrated risk management for natural and technological disasters. Tephra, 15 (1): 4-13.

Hurst N W. 1998. Risk Assessment the Human Dimension. Cambridge: The Royal Society of Chemistry.

ICIMOD. 2010. Glacial lakes and associated floods in the Hindu Kushi Hialayas. ICIMOD Publications Unit, Kathmandu, Khumaltar, Lalitpur, Nepal.

ICSU. 2008. A Science Plan for Integrated Research on Disaster Risk: Addressing the Challenge of Natural and Human-induced Environmental Hazards. Paris: ICSU.

IPCC. 2001. Climate change 2001: Impacts, Adaptation and Vulnerability. Summary for Policy makers, WMO.

IPCC. 2012. Summary for policymakers//Field C B, Barros V, Stocker T F, et al. Managing the risks of extreme events and disasters to advance climate change adaptation: a special report of working groups I and II of the Intergovernmental Panel on Climate Change. Cambridge and New York: Cambridge University Press, 1-19.

IPCC. 2014. Climate Change 2014: Impacts, Adaptation, and Vulnerability. Cambridge: Cambridge University Press.

IPCC. 2013. Climate Change 2013: The Physical Science Basis. Cambridge: Cambridge University Press.

IRGC. 2005. White paper on Risk Governance: Towards an integrative approach. http://www.irgc.org [2009-12-14].

ISDR. 2004. Living with Risk-A Global Review of Disaster Reduction Initialtives (2vols). Geneva: ISDR.

IUGS. 1997. Quantitative Risk Assessment for Slopes and Landslides-the State of the Art//Cruden D, Fell R. (Eds.) Landslide Risk Assessment. Proceedings of the International Workshop on Landslide Risk Assessmemt. Honolulu. Hawaii. Balkerma: Rotterdam.

Jakob M, Hungr O. 2005. Debris-Flow Hazards and Related Phenomena. Heidelberg: Springer-Verlag.

Johnson A, Rodine J. 1984. Debris flow//Brunsden D, Prior D B. Slope Instability. New York: Wiley, 257-361.

Jones R, Boer R. 2003. Assessing Current Climate Risks Adaptation Policy Framework: A Guide for Policies to Facilitate Adaptation to Climate Change, UNDP.

Jouni P. 2008. Livelihoods, vulnerability and adaptation to climate change in Morogoro, Tanzania. Environmental Science & Policy, 11 (7): 642-654.

KaPlan S, Garrick B J. 1981. On the quantitative definition of risk. Risk Analysis, 1 (1): 1-9.

Kappes M S, Papathoma-Khle M, Keiler M. 2012. Assessing physical vulnerability for multi-hazards using an indicator-based methodology. Applied Geography, 32: 577-590.

Kim J. 2001. Probabilistic Approach to Evaluation of Earthquake-Induced Permanent Deformation of Slopes. University of California, Berkeley.

Koskinen J, Metsamaki S, Grandell J, et al. 1999. Snow monitoring using radar and optical satellite data. Remote Sensing of Environment, 69: 16-29.

Krige D G. 1951. A statistical approaches to some basic mine valuation problems on the Witwatersrand. J. Chem. Metallurgical Mining Soc. South Africa, 52: 119-139.

Kyoji S. 2014. Third world landslide forum. Planet and Risk, Special Issue for the Post-2015 Framework for DRR, 2 (5): 324-326.

Lee S, Pradhan B. 2007. Landslide hazard mapping at Selangor, Malaysia using frequency ratio and logistic regression models. Landslides, 4: 33-41.

Lee S, Choi J, Min K. 2004. Probabilistic landslide hazard mapping using GIS and remote sensing data at Boun, Korea. Int. J. Remote Sens, 25: 2037-2052.

Li Q, Zhou J, Liu D, et al. 2012. Research on flood risk analysis and evaluation method based on variable fuzzy sets and information diffusion. Safety Science, 50 (5): 1275-1283.

Linnerooth-Bayer J, Mechler R, Pflug G. 2005. Refocusing disaster aid. Science, 309: 1044-1046.

Lioyd C D. 2010. Local Models for Spatial Analysis, 2nd Edn. New York: CRC Press (Taylor & Francis Group), 352.

Liu C H, Sharma C K, 1998. Report on First Expedition to Glaciers and Glacier Lakes in the Pumqu (Arun) and Poiqu Bhote-SunKosi River Basin, Xizang (Tibet), China. Beijing: Science Press.

Liu H X, Zhang D L. 2012. Analysis and prediction of hazard risks caused by tropical cyclones in Southern China with fuzzy mathematical and grey models. Applied Mathematical Modelling, 36: 626-637.

Liu H, Xie Y, Hu H, et al. 2014. Affinity based information diffusion model in social networks. International Journal of Modern Physics C., 25 (05): 1440004.

Liu X D, Cheng Z G, Yan L B, et al. 2009. Elevation dependency of recent and future minimum surface air temperature trends in the Tibetan Plateau and its surroundings. Global and Planetary Change, 68 (3): 164-174.

Long R J, Dong S K, Wei X H, et al. 2005. Effect of supplementation strategy on body wight change of yaks in cold season. Livestock Production Science, 260 (17): 36.

Lozoya J P, Sardá R, Jiménez J A. 2001. A methodological framework for multi-hazard risk assessment in beaches. Environmental Science & Policy, 14: 685-696.

Maskrey A. 1989. Disaster Mitigation: A Community Based Approach. Oxford: Oxfam.

Matheron G. 1963. Principles of geostatistics. Econ. Geol., 58: 1246-1266.

Mileti D S. 1999. Natural Hazards and Disasters-Disasters by Design A Reassessment of Natural Hazards in the United State. Washington D. C.: Joseph Henry Press.

Morgan M G, Fischhoff B, Bostrom A, et al. 2002. Risk Communication: A Mental Models Approach. New York: Cambridge University Press.

Morgan M G, Henrion M. 1990. Uncertainty: A Guide to Dealing with Uncertainty in Quantitative Risk and Policy Analysis. New York: Cambridge University Press.

Mountain Research Initiative EDW Working Group. 2015. Elevation-dependent warming in mountain regions of the world. Nature Climate Change, 5: 424-430. DOI: 10. 1038/nclimate2563.

Munich R E. 2002. Topics: Annual review, natural catastrophes 2002. Munich, Germany.

Munich R E. 2013. NatCat Database. http://www.munichre.com[2008-10-15].

Ohlmacher G C, Davis J C. 2003. Using multiple logistic regression and GIS teclology toPredict landslide hazard in northeast Kansas, USA. Engineering Geolo, 69: 3-4.

Okada N, Tatano H, Hagihara Y, et al. 2004. Integrated Research on Methodological Development of Urban Diagnosis for Disaster Risk and its Applications. Annuals of Disas. Prev. Res. Inst. Kyoto Univ, 47 (C): 1-8.

Othman F, Alaa Eldin M E, Mohamed I. 2012. Trend analysis of a tropical urban river water quality in Malaysia. Journal of Environmental Monitoring, 14 (12): 3164.

Pareta K, Pareta U. 2011. Developing a national database framework for natural disaster risk management. Proceedings in ESRI International User Conference, San Diego, California.

Park S, Choi C, Kim B, et al. 2013. Landslide susceptibility mapping using frequency ratio, analytic hierarchy process, logistic regression, and artificial neural network methods at the Inje area, Korea. Environmental Earth Sciences, 68 (5): 1443-1464.

Pelling M. 2004. Visions of Risk: A Review of international indicators of disaster risk and its management.

ISDR/UNDP: King's College, University of London, 1-56.

Prabhakar S, Pereira J J, Pulhin J M, et al. 2014. Effectiveness of Insurance for Disaster Risk Reduction and Climate Change Adaptation: Challenges and Opportunities. IGES Research Report, Publisher: IGES.

Pradhan B, Lee S. 2010. Landslide susceptibility assessment and factor effect analysis: Back propagation artificial neural networks and their comparison with frequency ratio and bivariate logistic regression modelling. Environmental Modelling & Software, 25: 747-759.

Pradhan B. 2010. Remote sensing and GIS- based landslide hazard analysis and cross- validation using multivariate logistic regression model on three test areas in Malaysia. Advances in Space Research, 45 (10): 1244-1256.

Qin D H, Yao T D, Chen F H, et al. 2014. Uplift of the Tibetan Plateau and its environmental impacts. Quaternary Research, 81: 397-399.

Quan Z J, Norio O, Hirokazu T. 2006. Integrated natural disaster risk management: comprehensive and integrated model and Chinese strategy choice. Journal of Natural Disasters, 15 (1): 29-37.

Quincey D J, Richardson S D, Luckman A, et al. 2007. Early recognition of glacial lake hazards in the Himalaya using remote sensing datasets. Global and Planetary Change, 56: 137-152.

Rahman M R, Shi Z H, Chongfa C. 2009. Soil erosion hazard evaluation-an integrated use of remote sensing, GIS and statistical approaches with biophysical parameters towards management strategies. Ecological Modelling, 220: 1724-1734.

Renn O. 2008. Risk Governance: Coping with Uncertainty in A Complex World. London: Earthscan.

Schmidt-Thom E P. 2006. The Spatial Effects and Management of Natural and Technological Hazards in Europe-ESPON 1. 3. 1 Executive Summary. ESPON.

Sexton D M H, Rowell D P, Folland C K, et al. 2001. Detection of anthropogenic climate change using an atmospheric GCM. Clim. Dyn, 17: 669-685.

Shi P, Karsperson R. 2015. World Atlas of Natural Disaster Risk. Heidelberg: Springer.

Shook G. 1997. An assessment of disaster risk and its management in Thailand. Disasters, 21 (1): 77-88.

Smith K. 1996. Environmental Hazard: Assessing Risk and Reducing Disaster. New York: Routledge.

Staokes C R, Popovnin V, Aleynikov A, et al. 2007. Recent glacier retreat in the Caucasus Mountains, Russia and associated increase in supraglacial debris cover and supra-/proglacial lake development. Annals of Glaciology, 46: 195-203.

Stenehion P. 1997. Development and disaster management. Australian Journal of Emergency Management, 12 (3): 40-44.

Stokes C R, Popovnin V, Aleynikov A, et al. 2007. Recent glacier retreat in the Caucasus Mountains, Russia, and associated increase in supraglacial debris cover and supra-/proglacial lake development. Annals of Glaciology, 46 (1): 195203.

Stott P A, Gillett N P, Hegerl G C, et al. 2010. Detection and attribution of climate change: a regional perspective. Wiley Interdiscip. Rev. Clim. Change, 1: 192-211.

Stow D A, Hope A, McGuire D, et al. 2004. Remote sensing of vegetation and land-cover change in Arctic Tundra Ecosystems. Remote Sensing of Environment, 89 (3): 281-308.

Stroeve J, Nolin A, Steffen K. 1997. Comparison of AVHRR-derived and in situ surface albodo over the Greenland ice sheet. Remote Sensing of Environment, 62: 262-276.

Tachiiri K, Shinoda M, Klinkenberg B, et al. 2008. Assessing Mongolian snow disaster risk using livestock and satellite data. Journal of Arid Environments, 72 (12): 2251-2263.

Tang C, Zhu J. 2003. Study on Landslide and Debris Flow in Yunnan. Beijing: Commercial Press.

The ESPON 2013 Programme. 2013. Territorial Observation No. 7: Natural Hazards and Climate Change in European Regions (Territorial Dynamics in Europe). ESPON.

Tobin G A, Montz B E. 1997. Natural Hazards: Explanation and Integration. New York: The Guilford Press.

UNDHA. 1992. Internationally Agreed Glossary of Basic Terms Related to Disaster Management. Geneva: United Nations Department of Humanitarian Affairs.

UNDP. Reducing disaster risk: a challenge fordevelopment [DB/OL]. 2004-4-10. http://www.undp.org/bcpr.

UNDRO. 1991. Mitigating natural disasters, Phenomena, effects and options. Amanual for Policy makers and Platiners. New York, UNDRO.

UNISDR. 2004. Living with Risk: A global review of disaster reduction initiatives. 2004 Version, Volume 1. Geneva.

UNISDR. 2009. Terminology on Disaster Risk Reduction. Geneva, Switzerland: UNISDR.

United Nations. 2002. Risk awareness and assessment, in Living with Risk. Geneva, WMO and Asian Disaster Reduetion Centre: ISDR, 39-78.

United Nations. 2005. Know Risk, United Nations Office for Disaster Risk Reduction (UNISDR) / (Tudor Rose Publishers), United Nations, Geneva.

Vogel C, Moser S C, Kasperson R E, et al. 2007. Linking vulnerability, adaptation, and resilience science to practice: Pathways, players, and partnerships. Global Environmental Change, 17 (3-4): 349-364. DOI: http://dx.doi.org/10.1016/j.gloenvcha.2007.05.002.

Walker B H. 1993. Rangeland ecology: understanding and managing change. A Journal of Human Environment, 22: 80-87.

Wang H W, Kuo P H, Shiau J T. 2013. Assessment of climate change impacts on flooding vulnerability for lowland management in southwestern Taiwan. Natural Hazards, 68 (2): 1001-1019.

Wang S J, Zhang T. 2013. Glacial lakes change and current status in the central Chinese Himalayas from

1990 to 2010. Journal of Applied Remote Sensing, 7 (1): 073459.

Wang S J, Zhou L Y, Wei Y Q. 2019. Integrated Risk Assessment of Snow Disaster (SD) over the Qinghai-Tibetan Plateau (QTP). Geomatics Natural Hazards & Risk, 10 (1): 740-757.

Wang S J, Che Y J, Ma X G. 2020. Integrated risk assessment of glacier lake outburst flood (GLOF) disaster over the Qinghai-Tibetan plateau (QTP). Landslides, DOI:10. 1007/s10346-020-01443-1. 4.

Wei Y Q, Wang S J, Fang Y P. 2017. Integrated assessment on the vulnerability of animal husbandry to snow disasters under climate change in the Qinghai- Tibetan Plateau. Global and Planetary Change, 157: 139-152.

Whitmore A P, Klein G H, Crocker G J, et al. 1997. Simulating trends in soil organic carbon in long-term expriments using the Verberne/MOTOR model. Geoderma, 81: 137-151.

Williamson T, Hesseln H, Johnston M. 2010. Adaptive capacity deficits and adaptive capacity of economic systems in climate change vulnerability assessment. Forest Policy and Economics, DOI: 10. 1016/ j. forpol. 2010. 04. 003.

Wilson R, Crouch E A C. 1987. Risk assessment and comparison: an introduction. Science, 236 (4799): 267-270.

Wisner J D, Tan K C. 2000. Supply Chain Management and Its Impact on Purchasing. Journal of supply Chain Management, 36: 33-42.

Wisner J D, Corney W J. 2001. Comparing Practices for Capturing Bank Customer Feedback: Internet versus Traditional Banking. Benehmarking: An International Journal, 8 (3): 240-250.

Wu J, Li N, Yang H. 2008. Risk evaluation of heavy snow disasters using BP artificial neural network: The Case of Xilingol in InnerMongolia. Stochastic Environmental Research and Risk Assessment, 22 (6): 719-725.

Wu T H, Li S X, Cheng G D, et al. 2005. Using ground penetrating radar to detect permafrost degradation in the northern limit of permafrost on the Tibetan Plateau. Cold Regions Science and Technology, 41: 211-219.

Xiao X, Moore B, Qin X, et al. 2002. Large-scale observation of alpine snow and ice cover in Asia: Using multi- temporal VEGET ATION sensor data. International Journal of Remote Sensing, 23 (11): 2213-2228.

Yao T D, Pu J C, Lu A, et al. 2007. Recent glacial retreat and its impact on hydrological processes on the Tibetan Plateau, China and surrounding regions. Arctic Antarctic and Alpine Research, 39 (4): 642-650.

Yin J, Yin Z E, Xu S Y. 2013. Composite risk assessment of typhoon- induced disaster for China's coastal area. Natural Hazards, 69 (2): 1423-1434.

Zeng Z, Zhou Y, Liu H. 2010. Assessment of debris flow hazards in Chuxiong Prefecture, Yunnan Province.

Bus. China, 2: 187-188 (In Chinese).

Zhou Y X, Liu G J, Fu E J, et al. 2009. An object-relational prototype of GIS-based disaster database. Procedia Earth and Planetary Science, 1 (1): 1060-1066.

Şen Z. 2011. Groundwater Quality Variation Assessment Indices. Water Qual Expo Health, 3: 127-133.

附　　录

附录一　自然灾害风险研究与管理主要机构、组织

国际风险分析协会（The Society for Risk Analysis，SRA）：于1980年在美国成立，SRA是一个多学科交叉研究风险的学术组织，强调风险分析、风险管理与风险政策，并重视健康、生态、工程风险及自然致灾因子风险和他们的社会行为的综合研究，现已成为不同学术团体交流其思想的焦点论坛。目前，SRA除总部设在美国首都华盛顿外，还成立了两个分部，即欧洲分部和日本分部。SRA每年召开一次年会，欧洲分部也召开了几次区域性风险评价与管理的学术研讨会。在SRA的风险研究中，特别强调与环境安全管理（包括生态安全和人类生存环境安全）的结合（SRA，2003）。官方网站：http://www.sra.org/。

联合国国际减灾战略（United Nations International Strategy for Disaster Reduction，UNISDR）：成立于1999年，总部设在瑞士日内瓦，是联合国促进实施国际减灾战略（ISDR）的专门秘书处，由联合国管理减灾事务秘书长特别代表领导，旨在协调联合国系统和区域组织的减灾活动与社会经济、人道主义领域活动之间的协同作用，确保减灾战略行动计划的执行。UNISDR以与多个利益攸关方的协调方式为基础，以与国家和地方政府、政府间组织、私营部门在内的民间社会之间的关系为基础，旨在减轻灾害风险和实施《兵库行动框架》调动政治资源和财政资源，发展和维护有活力的多攸关方系统，提供减灾相关的信息和指导。官方网站：http://www.unisdr.org/。

联合国人道主义事务协调办公室（Office for the Coordination of Humanitarian Affairs，OCHA），成立于1998年，在纽约和日内瓦设有总部，是联合国秘书处的一部分，负责将人道主义行动者聚集在一起，确保对全球紧急事务情况作出快速反应。OCHA通过整体协调、政策导向、咨询建议、信息管理和人道主义资金援助等

方面行使其协调人道主义事务的职责。OCHA 使命包括：动员和协调有效和有原则的人道主义行动，与国家和国际行动者合作，消除或减轻人类由灾害或冲突引起的痛苦；为受灾人群提供及时有效的国际援助；推进备灾和防灾进程；促进可持续的解决方案。OCHA 处理危机的一般程序是：在联合国层面，先由联合国灾害评估与协调队（UNDAC）对灾害进行评估，然后根据联合国国际搜救顾问小组（INSARAG）指导方针开展搜寻和救援，视必要动员受灾国家民事-军队部门配合以及后勤支持，同时充分利用各类涉及人道主义应对机构的信息渠道开展计划、应对协调和宣传工作。官方网站：http://www. unocha. org/。

国际风险管理理事会（International Risk Governance Council，IRGC）：是在瑞士政府提议下发起的国际性非营利组织，主要由世界各国的政府官员、科学家以及相关领域的专业人士组成。2004 年 6 月在日内瓦挂牌成立，IRGC 针对由现代社会的复杂性、技术不确定性等因素导致的风险及其治理问题进行了大量的科学研究和国际交流，致力于为政府、商业界、研究机构和其他组织在风险治理方面的合作提供支持、提升公众在相关决策过程中的信心。IRGC 成立以后，遴选出主要研究的议题，并排列出各个议题的优先解决序列。首批解决的议题包括关键基础设施、基因工程、比较性评估的数据库和方法学、风险分类和适当的管理方法。其中，风险分类和适当的管理方法又被认为是“IRGC 的核心”。其他议题涵盖了食品安全、生物多样性、气候变化、传染疾病等多个涉及风险的领域。IRGC 正式成立后的第一次年会在中国举办，既表明了国际社会对中国风险问题的关注，也反映了中国政府与学界对风险治理问题的高度重视。官方网站：https://www. irgc. org/。

全球风险识别计划（Global Risk Identification Programme，GRIP）：是由许多国际组织、机构和政府部门——国际减灾战略（ISDR）、联合国开发署（UNDP）、世界银行（World Bank）、国际红十字会（IFRC）、美洲发展银行（IADB）、瑞士国际发展机构（SDC）、日本内阁、美国国际开发总署（USAID）、英国国际发展部（DFID）、慕尼黑再保险公司（Munich Re）等共同倡议发起的跨机构主题平台，旨在执行联合国《兵库行动框架》的第二优先主题——风险辨识、评估和早期预警。通过与各个国际组织以及政府部门建立广泛的合作与伙伴关系，该平台的主要任务是促进有关灾难风险分析与评估的国际标准推广、项目实施协调、能力建设以及共同对发展中国家提供技术支持与服务。该平台目前由联合国开发署（UNDP）主持与协调。官方网站：http://www. grip. org/。

灾害风险综合研究计划（Integrated Research on Disaster Risk，IRDR）：是由国际科学理事会（International Council for Science，简称"ICSU"）、国际社会科学理事会（International Social Science Council，简称"ISSC"）和UNISDR共同主办的一项为期十年的国际综合研究计划。IRDR旨在通过各国专家经验智慧，提高防灾减灾能力，共同应对自然灾害影响。IRDR将凝聚各国自然科学、社会经济、卫生和工程技术专家的经验和智慧，共同应对自然和人类引发的环境灾害的挑战，提高各国应对灾害的能力，减轻灾害的影响，改进决策机制。IRDR由一个15人组成的科学委员会负责管理，下设国际项目办公室负责日常事务。为保证各项目标的实现，IRDR还设有4个工作组、9个国家委员会和1个地区委员会、5个卓越中心。为促进通过承办IRDR国际计划办公室，构建高水平的国际交流与合作平台，充分利用国际科技资源，提高我国防灾减灾水平，在中国科学院和中国社会科学院的大力支持下，中国科学技术学会成立中国科协灾害风险综合研究计划工作协调委员会。官方网站：http://www.irdrinternational.org/。

全球减灾与恢复基金（The Global Facility for Disaster Reduction and Recovery，GFDRR）：是一个全球伙伴关系，由世界银行管理，旨在帮助发展中国家更好地了解和减少其对自然灾害的脆弱性并适应气候变化。GFDRR与400多个地方、国家、区域和国际伙伴合作，向主流灾害和气候风险管理提供赠款资助、技术援助、培训和知识共享活动。自2006年以来，GFDRR经历了一个快速的发展，以响应于发展中国家的快速需求。2012年6月，墨西哥举行20国集团领导人会议，呼吁采取行动应对自然灾害造成的日益增加的成本。根据GFDRR伙伴关系宪章，该战略旨在利用这一机会，重申GFDRR致力于促进和扩大对自然灾害易发国家的财政协调和技术援助。GFDRR还继续开发和测试减少灾害风险的创新方法，为灾害风险管理提供久经考验和潜在有改革能力的解决方案。官方网站：https://www.gfdrr.org/。

亚洲减灾中心（Asian Disaster Reduction Center，简称ADRC）：亚洲减灾中心于1998年7月30日在日本兵库县神户市成立，其成员有26个国家和1个组织。亚洲减灾中心的主要任务是：①积累并提供自然灾害信息和减灾信息；②进行促进减灾合作方面的研究；③收集灾害发生时的紧急救援方面的信息；④传播知识，提高亚洲地区的减灾意识。亚洲减灾中心由亚洲地区的22个成员国、4个咨询国和1个观察者组织组成。官方网站：http://www.adrc.asia/。

美国联邦紧急事务管理署（Federal Emergency Management Agency，FEMA）：美

国联邦紧急事务管理署成立于1979年，直接受美国总统领导，是美国进行重大突发事件时进行协调指挥的最高领导机构。FEMA的使命是“在任何危险面前，领导和支持全国范围内抵抗风险的应急管理综合程序，通过实施减灾、准备、响应和恢复四项业务，减少生命财产损失，维护社会稳定”。在信息技术的运用上，它一直持续地形成和完善一个清晰的基础架构，来支持全面、全程、主动式的应急管理。“9. 11”事件后，联邦应急事务管理署进一步将其各类灾害防范的职能调整到全国性的防务和国土安全问题上。2003年3月，FEMA与其他22个联邦局一起加入并组建为国土安全部。官方网站：http://www.fema.gov/。

灾后流行病研究中心（Centre for Research on the Epidemiology of Disasters, CRED）：灾后流行病研究中心是法国卢浮宫大学（UCL）的研究单位，位于大学布鲁塞尔校区的公共卫生学校。1971年，天主教大学流行病学家Michel F. Lechat教授发起了一项研究计划，研究灾害中的健康问题。两年后，建立了具有国际地位的非营利机构灾后流行病研究中心。1980年，灾后流行病研究中心成为世界卫生组织（WHO）合作中心。该中心旨在向国际社会提供关于疾病负担和灾害冲突引起的相关健康问题的证据基础，以改善对人道主义紧急情况的准备和反应。CRED在国际灾害和冲突健康研究领域已经坚持了三十多年，研究和培训活动将救济、恢复和发展联系起来。它促进了在人道主义救援当中的技术培训，特别聚焦于公众健康和流行病学。官方网站：http://www.cred.be/。

瑞士再保险公司（Swiss Re）：公司创立于1863年，总部设在瑞士苏黎世，现有员工约9000人，在世界上30多个国家设有70多家办事处。公司核心业务是为全球客户提供风险转移、风险融资及资产管理等金融服务。瑞士再保险集团的另一部分——瑞士再保险新市场部向顾客提供非传统的风险转移方式，如对巨灾和大规模的风险提供承保服务。1999年4月，瑞士再保险公司与北京师范大学合作在北京成立了中国第一个“自然灾害风险与保险研究中心”，以加强对中国自然灾害的系统研究，从而促进和推广保险技术在减灾中的应用。双方还共同搜集了从12世纪至今的中国历史、地理及气候等各类数据，合作绘制了一张“中国巨型电子灾难地图”，这张地图将为中国的保险公司大胆涉足地震、洪水等巨灾保险市场提供有力的风险评估依据。官方网站：http://www.swissre.com/。

慕尼黑再保险集团（Munich Re）：公司创立于1880年，总部设在德国慕尼黑，在全世界150多个国家从事经营非人寿保险和人寿保险两类保险业务，并拥有60

多家分支。慕尼黑总部及世界 60 多家再保险公司附属机构、分支机构、服务公司与代表处、联络处共有 3000 多名职员。从 19 世纪中叶开始，在德国、瑞士、英国、美国、法国等国家相继成立了再保险公司，办理水险、航空险、火险、建筑工程险以及责任保险的再保险业务，形成了庞大的国际再保险市场。官方网站：https://www.munichre.com/。

紧急灾难数据库（Emergency Events Database，EM-DAT）：亦称 EM-DAT 灾难数据库，灾后流行病研究中心（CRED）作为非营利机构于 1973 年在比利时的布鲁塞尔成立。1988 年，世界卫生组织与 CRED 共同创建了紧急灾难数据库 EM-DAT，并由 CRED 进行维护。该数据库的主要目的是为国际和国家级人道主义行动提供服务，为备灾做出合理化决策，为灾害脆弱性评估和救灾资源优先配置提供客观基础。作为全球级别的灾害数据库。EM-DAT 为国际计划、科学研究提供了大量自然和人为灾害的数据。官方网站：http://www.em-dat.net/。

附录二 相关自然灾害基本术语

相关灾害术语与定义（Disaster-relasted terms and definitions）（UNISDR，2004，2009）。大部分术语采用联合国减灾战略（ISDR）2009 年专业术语（UNISDR，2004，2009；中华人民共和国国家质量监督检验检疫总局和中国国家标准化管理委员会，2011），部分术语进行了改写。

致灾因子（Hazard）：一种危险的现象、物质、人的活动或局面，它们可能造成人员伤亡，或对健康产生影响，造成财产损失，生计和服务设施丧失，社会和经济被搞乱，或环境损坏。《兵库行动框架》第三个脚注对减轻灾害风险关注的致灾因子这样表述："……源于自然的致灾因子，以及相关的环境和技术致灾因子和风险。"这些致灾因子起源于不同的地质、气象、水文、海洋、生物和技术，以及它们的共同作用。

致灾因子也可表述：具有潜在破坏力的自然事件、现象或人类活动，它们可能造成人的伤亡、财产损失、社会经济混乱或环境退化。危害包括将来可能产生威胁的各种隐患，其原因各异，包括自然的（气象气候、水文地质、生物），也包括人类活动引起的（环境退化和技术危害）。

自然致灾因子（Natural hazard）：自然的变化过程或现象，它们可能造成人员伤亡，或对健康产生影响，造成财产损失，生计和服务设施丧失，社会和经济被搞乱，或环境损坏。自然致灾因子是所有致灾因子的一个分支。这个术语被用来解释现存的危险事件，以及引发未来事件的潜在危险条件。自然灾难事件可以根据它们的规模或强度、发生速度，持续时间和覆盖区域等特点来描述。例如：地震持续的时间短，通常影响相对小的区域；而干旱是缓慢发展和逐步消失的，但常常影响较大的区域。在一些情况下，致灾因子是关联的，例如飓风会造成洪水，地震会引发海啸。

水文气象致灾因子（Hydrometeorological hazard）：大气、水文或海洋特性的变化过程或现象，它们可能造成人员伤亡，或对健康产生影响，造成财产损失，生计和服务设施丧失，社会和经济被搞乱，或环境损坏。水文气象致灾因子包括：热带气旋（也被称作台风和飓风）、雷暴、冰雹、龙卷风、暴风雪、强降雪、雪崩、海岸风暴潮、洪水（包括山洪）、干旱、热浪和寒潮。水文气象条件也会是形成其他致灾因子的一个因素，如：滑坡、荒火、蝗灾、瘟疫，以及传输和扩散有毒物质和火山喷发物质。

地质致灾因子（Geological hazard）：地质的变化过程或现象，它们可能造成人员伤亡，或对健康产生影响，造成财产损失，生计和服务设施丧失，社会和经济被搞乱，或环境损坏。注释：地质致灾因子包含地球内部的变化过程，如地震、火山活动和喷发，以及相关的地质物理变化过程，如：块体移动、滑坡、岩崩、地表坍塌、泥石流。水文气象因素是其中一些变化过程的重要贡献者。海啸分类比较难，尽管它们是由海底地震和其他地质事件引发的，但它们基本是一种海洋性变化过程，并被确认为一种与海岸水体相关的致灾因子。

社会-自然致灾因子（Socio-natural hazard）：一种地质物理和水文气象危害事件不断增多的现象，如滑坡、洪水、地面塌陷和干旱，它们的发生是自然致灾因子同土地和环境资源过度使用或退化相互作用造成的。这个术语用来解释由于人类活动而增加了某种致灾因子的发生，且超过原来的自然发生概率。迹象表明不断增加的灾害压力就是源于此类致灾因子。社会-自然致灾因子可以通过明智的土地和环境资源管理加以减轻和避免。

孕灾环境（Disaster-formative environment）：由自然与人文环境所组成的综合地球表层环境以及在此环境中的一系列物质循环、能量流动以及信息与价值流动的过程-响应关系。

暴露性（Exposure）：人员、财物、系统或其他东西处在危险地区，因此可能受到损害。注释：可以用来衡量暴露程度的有：某个地区有多少人或多少类资产，并结合暴露在某种致灾因子下物体的脆弱性，来估算所关注地区与该致灾因子相关的风险数值。

脆弱性（Vulnerability）：脆弱性是一个相对概念，敏感性高、抵抗能力差和恢复能力低，是脆弱性事物的显著表征。脆弱性是一个动态的概念，其动态性表现在系统脆弱性程度会随着系统内部结构和特征的改变而改变，具体来说就是指脆弱性物体可以通过其自身或人为因素改变其内部结构和其对外界风险的暴露形式，而改变其脆弱性程度和增加其抵抗风险的能力，最终使得脆弱性对象表现出较低脆弱性的特征，增加系统的稳定性。

灾害（Disaster）：由于危害性自然事件造成某个社区或社会的正常运行出现剧

烈改变，这些事件与各种脆弱的社会条件相互作用，最终导致大范围不利的人员、物质、经济或环境影响，需要立即做出应急响应以满足危急中的人员需要，而且可能需要外部援助方可恢复（IPCC，2013）。

自然灾害（Natural disaster）：致灾因子与人类脆弱性共同作用的结果，社会的应对能力影响损失的范围和程度（UNDP，2004）。灾害是致灾因子造成的社会后果，是致灾因子所造成的人员伤亡、财产损失和资源环境的破坏，为致灾因子和人类社会相互作用的结果。

灾害风险（Disaster Risk）：在某个特定时期由于危害性自然事件造成潜在的生命、健康状况、生计、资产和服务系统的灾害损失，它们可能会在未来某个时间段里、在某个特定社区或社会发生。这些事件与各种脆弱的社会条件相互作用，最终导致大范围不利的人员、物质、经济或环境影响，需要立即做出应急响应，以满足危急中的人员需要，而且可能需要外部援助方可恢复。注释：灾害风险定义反映了灾害是风险不断出现的结果这一概念。灾害风险是由不同种类的潜在损失构成的，通常很难被量化。无论如何，运用人类对现存致灾因子、人口结构和社会经济发展的知识，至少可以在一个宽泛的定义下评估和理解灾害风险。

灾害预警（Disaster early warning）：对灾害可能发生的时间、地点、影响范围和程度等信息预先发出警报。

早期预警系统（Early warning system）：一组用于及时制取和传递有价值警示信息的能力，以使受到致灾因子威胁的个人、社区和机构做好准备并采取恰当的行动，在足够的时间内减少可能的危害或损失。这个定义包含一系列的要素，以实现接警后的有效响应。一个以人为本的早期预警系统需要有四个主要部分组成：相关风险的知识，监视、分析和预报致灾因子，传递或扩散戒备性提示和警报，地方力量收到警报后进行响应。“点到点的预警系统”说法也被用来强调警报系统需要覆盖从确定致灾因子到社区响应的所有步骤。

风险评估（Risk assessment）：一种确认风险性质和范围的方法，即通过分析潜在致灾因子和评价现存脆弱条件，以及它们结合时可能对暴露的人员、财产、服务设施、生计及它们依存的环境造成的损害。风险评估与其相连的风险制图涵盖：对致灾因子的特点进行研究，包括它们的位置、强度、发生频率和概率；分析暴露程度和脆弱性，包括现实社会、健康、经济和环境的各个方面；评价应对潜在危害场景时能力的效果，不论能力是常用的，还是备用的。这些活动有时被称为风险分析过程。

防灾（Prevention）：全面防止致灾因子和相关灾害的不利影响。预防或防灾表达的是通过事先采取行动，完全避免潜在不利影响的概念和意愿，例如：消除洪水风险的水坝和堤岸，土地使用中规定不许在高风险地带建立定居点，以及在任何可能发生地震的时候确保重要建筑不毁和功能不失的防震工程设计。很多情况下，完全避免损失是不可能的，所以防灾任务转变成了减灾任务。有时防灾和减灾术语混用。

减灾（Mitigation）：减轻或限制致灾因子和相关灾害的不利影响。致灾因子的不利影响通常无法完全避免，但可以通过各种战略和行动切实地减轻它们的规模或危害程度。减灾措施包含工程技术、抗御致灾因子的建筑以及改进的环境政策和公众意识。应该注意在气候变化政策里“减轻”的表述不一样，如减少作为气候变化根源的温室气体排放。

恢复（Resilience）：原是一个力学概念，是指“材料在没有断裂或完全变形的情况下，因受外力而发生变形并存储恢复势能的能力”。在灾害风险管理中，恢复力则是某社会、经济和环境系统处理灾害性事件、趋势或扰动，它通过抵御或变革，在职能和结构上达到或保持可接受的水平，并在响应或重组的同时保持其必要功能、定位及结构，并保持其适应、学习和改造等能力的能力（IPCC，2013）。

备灾（Preparedness）：由政府、专业灾害响应和恢复机构、社区和个人建立的知识和能力，对可能发生的、即将发生的或已经发生的危险事件或条件，以及它们的影响进行有效的预见、应对和恢复。备灾行动是在整个灾害风险管理的范围内进行的，目的是建立有效管理所有突发事件的能力，实现有序地从灾害响应到稳固恢复的过渡。好的备灾基于对灾害风险的良好分析，与早期预警系统的良好衔接还包括应对预案的制订，设备和物资的储备，建立针对协调、撤离、公共信息披露、相关培训和实地演练的安排。这些活动必须要有一个正规机构、相关法律和预算的支持。相关的术语“就位”指的是在需要的时候可以快速和恰当地应对灾害的能力。

应急管理（Emergency management）：对资源和责任的组织和管理，针对突发事件的各个方面，特别是备灾、响应及早期恢复阶段。危机或突发事件是一种危险情况，需要立刻采取行动。有效的紧急行动可以避免一个事件上升为一场灾难。应急管理要有计划和机构安排，以利于取得和指导政府、非政府、志愿和私营机构的努力，使其以综合和协调的方式应对突发事件的整个局面。“灾害管理”一词有时也会替代应急管理的使用。

灾后恢复（Recovery）：恢复并尽可能地改进受灾害影响社区的设施、生计和生存条件，包括努力减轻与灾害风险有关的因素。注释：灾后恢复和重建任务在紧急响应阶段刚结束时便已开始，它应该建立在已有的战略和政策之上，明确参加灾后恢复行动机构的责任，促进公众参与。灾后恢复项目同高涨的公众意识和广泛的参与，为制订和实施减轻灾害风险措施，以及为推行“建设得更加美好”原则提供了一个有价值的机会。

应对能力（Coping capacity）：人员、机构和系统运用现有技能和资源的能力，以应对和管理不利局面、突发事件或灾害。注释：这种应对能力要求有持续的意识、资源以及好的管理，不仅在平时，而且在危机和不利局面发生的时候，应对能力可以帮助支持减轻灾害风险。

风险管理（Risk management）：为了减小潜在危害和损失，对不确定性进行系统管理的方法和做法。风险管理包括风险评估和风险分析，以及实施控制、减轻和转移风险战略和具体行动。它被机构广泛使用，以减少投资决策中的风险和处理工作中的风险，如风险导致商务活动被打乱，生产失败，环境损坏，火灾和自然致灾因子造成的社会影响和损害。风险管理是供水、能源和农业等领域的核心问题，它们的生产直接受极端天气和气候的影响。

灾害风险管理（Disaster risk management）：一个系统过程，即通过动用行政命令、机构和工作技能和能力实施战略、政策和改进的应对力量，以增进对灾害风险的认识，鼓励减少和转移灾害风险，并促进备灾、应对灾害和灾后恢复做法的不断完善，以减轻由致灾因子带来的不利影响和可能发生的灾害。其明确的目标是提高人类的安全、福祉、生活质量、应变能力和可持续发展。这个定义是更为普及的“风险管理”定义的延伸，针对与灾害风险相关的问题。灾害风险管理的目的是通过防灾、减灾和备灾活动和措施，来避免、减轻或者转移致灾因子带来的不利影响。

减轻灾害风险（Disaster risk reduction）：通过系统的努力来分析和控制与灾害有关的不确定因素，从而减轻灾害风险的理念和实践，包括降低暴露于致灾因子的程度，减轻人员和财产的脆弱性，明智地管理土地和环境，以及改进应对不利事件的备灾工作。由联合国认可的并于2005年通过的《兵库行动框架》提出了减轻灾害风险的综合模式，它期望的成果是“实质性地减少灾害对社区和国家的人员生命和社会、经济和环境资产造成的损失”。国际减灾战略体系是政府、机构和社会工作者之间合作的工具，以支持框架的实施。需要注意“减灾”术语有时还在使用，而“减轻灾害风险”术语是对不断变化的灾害风险实质和减轻灾害风险机遇的更佳认识。

可接受风险（Acceptable risk）：一个社会或一个社区在现有社会、经济、政治和环境条件下认为可以接受的潜在损失。在工程术语里，可接受风险也被用作评估和确定工程性和非工程性措施，为的是根据法规或者已知致灾因子的发生概率和其他因素认可的“可接受做法”，将可能对人员、财产、服务体系和系统造成的危害减少到一个选定的可承受水平。

应急规划（Contingency planning）：一种管理过程，即事先分析可能威胁社会和环境的潜在特别事件或突发情况，建立相关安排，以确保及时、有效和恰当地应对此类事件和情况。应急规划的结果是一系列有组织、有协作的行动，明确各机构的职责和资源，信息的处理，基于需求的特勤人员行动安排。根据潜在突发情况或灾难事件出现的场景，应急规划帮助关键部门预见、预知并解决危机时出现的问题。应急规划是整个备灾工作的重要部分。应急处置预案需要定期更新和演练。

自然灾害保险（Natural disaster insurance）：以自然灾害高危区集中起来的保险费作为保险基金，用于补偿因自然灾害造成的经济损失或人员伤亡。它是利用社会力量分担自然灾害风险的一种方式。